U0271222

CHENGDE CHANGJIAN YUANLIN ZHIWU

承德
常见园林植物

万忠然　王贺东◎主编

中国林业出版社

承德
常见园林植物

编委会

主　　编　万忠然　王贺东

副主编　赵淑珍　赵　玉　刘金朋　陈树萍　孔庆椿　张丽杰

编　　委　万忠然　王贺东　赵　玉　陈树萍　刘金朋　赵淑珍
　　　　　张宏玉　左志高　昶晶炜　孔庆椿　张丽杰　张　颖
　　　　　姜东昕

摄　　影　王贺东　孔庆椿

图书在版编目（CIP）数据

承德常见园林植物 ／ 万忠然，王贺东主编. —北京：中国林业出版社，2012.10
ISBN 978-7-5038-6752-1

Ⅰ.①承…　Ⅱ.①万…　②王…　Ⅲ.①园林植物－介绍－承德市　Ⅳ.①S68

中国版本图书馆CIP数据核字（2012）第223870号

出　　版：中国林业出版社（100009　北京西城区德内大街刘海胡同7号）

　　　　　http://lycb.forestry.gov.cn

　　　　　电话：(010) 83227584

发　　行：新华书店北京发行所

书籍设计：北京美光设计制版有限公司

印　　刷：北京卡乐富印刷有限公司

版　　次：2012年10月第1版

印　　次：2012年10月第1次

开　　本：889mm×1194　1/16

印　　张：19印张

字　　数：370千字

定　　价：198.00元

序

　　承德市历史文化悠久、自然风光秀丽、名胜古迹荟萃，五千年的红山文化、三百年的山庄文化纵观古今，昭育后人，历史上曾是清王朝鼎盛时期的夏都。磬锤峰、罗汉山、僧冠峰、双塔山等白垩纪时期形成的"丹霞地貌"环绕市区，鬼斧神工、惟妙惟肖。滦河、武烈河自然水系穿插交织于城市中，碧波荡漾、润泽乡里。特别是世界文化遗产避暑山庄和周围寺庙群，集皇家宏博之大气和古典园林艺术之精华于一身，承载着"合内外之心、成巩固之业"的治世思想。这些自然山水格局与历史人文景观互为映衬、相得益彰，组合成一幅美丽的山水园林画卷。

　　近几年，承德市委、市政府高度重视城市绿化工作，着力推进生态山水园林城市建设，按照保护古典园林"促绿"、依托山体景观"借绿"、借助水系治理"扩绿"、实施城市中疏"还绿"、发展附属绿地"补绿"的工作思路，加强领导、加大投入、加快建设，城市绿化取得了可喜成绩，为改善城市生态环境、人居环境，建设国际旅游城市做出了积极贡献。

　　园林绿化是城市中唯一具有生命的市政基础设施，是城市建设和发展不可或缺的基础支撑，具有改善生态环境、提升景观水平、传承历史文化、提供社会服务等功能。园林植物是城市园林中最为基本的元素之一，有着不可取代的作用和地位。园林中的植物不但具有释放氧气、降滞灰尘、净化空气、调节气候的生态作用，其优美的形态、绚丽的色彩、多样的质感和浓厚的人文内涵更能创造出丰富多彩、蕴涵迥异的景观。松柏的长青永寿、银杏的稳固持久、杨柳的婀娜多姿、梅花的坚强高洁、牡丹的豪放富贵、莲花的健康吉祥、竹子的刚正有节、兰草的品格高逸，不但能传承传统文化，更能陶冶人们向美、向善的高尚情操。

　　本书在实践的基础上系统地总结了承德市城镇绿化常用植物种类，详细介绍了每个植物品种的形态特征、产地分布、生态习性、繁育管理、观赏特性和园林用途等方面的内容。为我市园林植物品种多样性的研究应用打下了一个良好的基础，为各县区城镇园林绿化植物品种选择与应用提供了有价值的参考和帮助，希望本书能够为承德市建设国际旅游城市和生态型山水园林城市产生助益。

承德市人民政府市长　赵风楼

2012年10月

前 言

随着城镇化进程的加快和人们对生存环境、工作环境的更高诉求，近年来，园林事业快速发展，园林科研水平不断提升，园林植物引种、驯化及应用的力度不断加大，形成了当前种类繁多、形态各异、性状多样的园林植物体系。园林植物是园林景观的主体，根据不同植物的茎、叶、花、果等形态及季相变化进行设计与配置，能够创造出丰富多样的园林景观。

要想了解这些在形态特征上各有不同，在性状习性上存在差异的园林植物，并在规划设计中做到合理配置，达到理想的绿化、美化效果并非易事。行业相关部门及人员只有全面系统地认识、掌握植物的形态特征、生长习性及栽培要点，才能准确合理地运用，建设出高品质的园林景观。所以，我们认为有必要对适宜承德地区应用的园林绿化植物进行归纳总结，系统地加以介绍，故编写了本书。

本书分概述与各论两部分。概述介绍了承德地区的自然概况及承德园林发展状况。各论分十章重点介绍了承德地区常见的露地越冬园林植物76个科179个属318种及部分一、二年生季节性草本花卉19个科54种，并根据植物本身的形态、习性进行分章介绍，包括乔木、灌木、藤本、竹类、宿根花卉、一二年生花卉、水生及草坪植物等类型，并对相应植物按恩格尔（A.Engler）系统进行排序。

为了便于识别与应用，本书采用植物照片与文字介绍相结合。照片主要体现植物的形态、枝干、叶、

花、果实在某个时期的特征。文字按形态特征、产地分布、生态习性、繁殖栽培、常见病虫害、观赏特性及园林应用等七个方面进行介绍，对同属常见植物在种类介绍后面做了简要介绍。植物中文种名、学名及科属分类主要依据陈有民主编的《园林树木学》和刘燕主编的《园林花卉学》两部书。对于当前培育的及从国外引进的新优品种其种名、学名和科属分类主要参照相关书籍，有待进一步订正。

本书内容针对性较强，主要适用于承德地区园林绿化行业的各级技术人员、绿化工程企业的规划设计和施工管理人员，并可作为农林院校中林学、园林及园艺等相关专业师生的参考用书，同时对本地区外从事此行业的人员及广大园林爱好者可作为对这一区域园林植物了解与应用的备查。

本书封面照片由陈克寅同志提供，概述部分照片由王强同志提供；部分植物照片由北京林业大学董丽教授、北京动物园杨丽亚高级工程师提供。在此表示十分感谢！

本书在编写过程中得到了承德市园林管理局相关技术人员的支持；在审编期间得到了国内有关专家、学者及园林工作者的帮助和指正，对此表示衷心的感谢。同时特别感谢承德市人民政府市长赵风楼同志对本书编写过程中的指导并作序。

本书编写人员来自承德地区园林行业工作一线，又是第一次编写如此规模的专业书籍，由于水平有限，书中难免存在错误和不当之处，敬请使用者及专家批评指正。

编　者

2012年10月

目 录 *Contents*

目 录 *Contents*

概　　述

一、承德自然概况

承德旧称热河，位于河北省东北部。总面积3.95万km²，辖8县3区和1个高新区。地理区位独特，气候、生态环境宜人，自然、人文景观众多。世界文化遗产避暑山庄及周围寺庙位于承德市中心区；驰名中外的金山岭长城伫立于承德的西南部。

（一）地理位置

承德地处华北北部，位于东经115°54′～119°15′，北纬40°11′～42°40′之间。属内蒙古高原与东北平原、华北平原的连接地带。东与辽宁省朝阳市相接；西同北京市、河北省张家口市相邻；南与天津市、河北省唐山市和秦皇岛市相连；北与内蒙古自治区接壤。

依据农业气候因子及地理位置区划为四个地区：位于围场、丰宁北部的内蒙古高原为高原地区（俗称坝上）；围场、丰宁的坝下地区及隆化北部称北部地区；隆化中南部、滦平、承德县、平泉及双滦、双桥区为中部地区；滦平南部长城沿线、承德县东南部、兴隆、宽城及鹰手营子区称为南部地区。

（二）地形地貌及土壤

全区地形地貌分高原和山地两大类型，属燕山地槽与内蒙古高原地质过渡带。由高原、山地、丘陵和河谷阶地组成。地势由西北向东南阶梯下降。

1. 高原区位于丰宁、围场两县的北部地区（也称坝上地区），是内蒙古高原的延伸部分，海拔多在1500～1800m之间，大光顶子一带高达1930m。具有高原的一般特征，地势较为起伏、开阔，山体浑圆。波状高原多为泡子、滩地、岗梁地貌。河道短浅，水资源较

为丰富。其间有塞罕坝国家森林公园、御道口风景区等自然景观。

　　土壤类型从东往西依次为灰色森林土、黑土、栗钙土、高原草甸土，局部为沼泽土。

　　2. 高原区以外为山地丘陵区（也称坝下地区），以中、低山、丘陵、河谷及小盆地为主；植被茂密，物种丰富，多为天然次生林；主要山脉有燕山、阴山余脉、兴安岭余脉和七老图山。山地丘陵区具有典型的丹霞地貌特征，诸如磬锤峰、双塔山、朝阳洞、罗汉山、僧冠峰和鸡冠山等自然景观。

　　北部接坝及坝下为冀北山地。属阴山余脉、兴安岭余脉和七老图山的交接地带，山岭连绵不断，山峰层峦叠嶂，山环交错，沟谷纵横，植物丰富。多数山峰海拔在2000m以下。清康乾时期著名的木兰秋狝及茅荆坝森林公园位于此区域。

　　西部、中部及南部属燕山山地，占整个承德地域大部分。地形地貌复杂多变，多沟谷山壑。中、西部以海拔500～1000m的中低山为主，南部以海拔1000m以上的中山为主，燕山主峰雾灵山位于南部的兴隆县境内，海拔2118m。沟谷河流分布多，水量较为丰沛，滦河及支流贯穿整个区域。植被以天然次生林及人工林为主，因气候适宜，雨水适中，形成丰富的自然生态资源。燕山山地于中生代晚期至新生代前的"燕山运动"形成雏形，后经长期侵蚀切割，地形地貌多变而复杂，形成鬼斧天成的丹霞地貌景观。区域有兴隆雾灵山、宽城都山及丰宁云雾山等自然风景区。

　　东部及东北部为七老图山与努鲁儿虎山系，多为中低山及丘陵区。地形由山峰、沟谷、坡地、缓岗、冲积堆及河滩洼地构成。区域分布着北大山石海森林公园及辽河源自然风景区。北大山石海森林公园位于承德县东北部的北大山林场内，植被茂密，种类丰富，溪流泉涌，山石密布，终流不息的泉水发出犹如波涛的海浪声，故称石海。辽河源自然风景区位于平泉县北部的光头山，西辽河水系老哈河的发源地，故称为辽河源头，区域气候独特，森林茂密，物种丰富。

山地丘陵区土壤类型为河谷地带以草甸土为主，低山丘陵地带以褐土为主，中山地带多为棕壤，高海拔山地林线以上为亚高山草甸土。

（三）河流水系

境内河流主要有滦河、潮河、老哈河及阴河等水系。

潮河属潮白河水系，起源于丰宁县上黄旗，流经丰宁县境中部，穿县城而过，途经滦平县境域西部，经北京古北口，注入密云水库并汇入北京潮白河。

老哈河属西辽河水系，发源于平泉县北部的光头山，经平泉东北部，流至内蒙古赤峰，向北流入西辽河；其支流阴河发源于围场县塞罕坝森林公园境内，西行经内蒙古赤峰市区北大桥与西南而来的锡佰河汇合并东行入老哈河。

滦河古称濡水，为华北地区较大河流之一。其发源于河北省北部张家口的巴彦古尔图山北麓，向北流入内蒙古正蓝旗，此段称为闪电河。后向东南经内蒙古多伦急转进入河北省东北部，并贯穿承德地区全境，经河北省唐山乐亭汇入渤海。滦河支流众多且广布山壑之中，水量较为充沛，主要支流有小滦河、伊逊河、武烈河、兴州河、老牛河、柳河、瀑河等。小滦河起源围场县塞罕坝森林公园境内，流经围场、隆化于隆化县郭家屯汇入滦

河；伊逊河发源于河北省围场县哈里哈乡，流经隆化和围场两县境域，至双滦区滦河镇汇入滦河，沿途穿围场、隆化县城；武烈河发源于内蒙古境内的固都尔乎山麓的固都尔呼河，流经承德境内隆化与承德县，经承德市中心，于双桥区冯营子汇入滦河，为承德市的母亲河；兴州河起源于丰宁县东北部，流经凤山、波罗诺镇及滦平县大屯乡，于张百湾汇入滦河；柳河发源于兴隆县南双洞乡拔子岭西北麓二道沟，全长86km，流域形状为狭长的带状型，流向西北，穿兴隆县城后转东北流经鹰手营子区，于兴隆县柳河口汇入滦河；瀑河发源于平泉县境内石拉哈沟川的安杖子，南行穿平泉县城南下经平泉党坝进入宽城并穿县城南行于瀑河口与滦河合并汇入潘家口水库。

（四）气候

全区属中温带大陆性季风型、半干旱半湿润山地气候。主要气候特征为：四季分明，冬季寒冷少雪，西北风强烈；春季干旱少雨，风沙大；夏季炎热干燥，多雷阵雨；秋季凉爽，昼夜温差大；由于全区地势由西北向东南阶梯下降，因此气候南北差异明显；气象要素呈立体分布，山地小气候明显。

1. 主要气象要素

气温 全区年平均气温-1.4～10.0℃。南北相差约11℃。坝下地区极端最高气温为41.3℃，极端最低气温-32.8℃；坝上年极端最高气温33.0℃，年极端最低气温-42.9℃。年平均气温的分布由北向南增高。

平均气温年日变化特征是：从2月份起温度逐月增高，7月为最热，8月份温度开始下降，1月为最冷。

降水 年平均降水量为402.3～882.6mm，由南向北递减，全年降水量的70%集中在夏秋两季。雾灵山和七老图山迎风坡因地形抬升作用形成我区两个多雨地区。

日照 全区光照充足，日照时数为2706～2988小时。按季节讲，春季最多，冬季最少，秋季次之。植物生长季节的4～9月份日照时数为1473～1558小时，占全年总日照时数的51%～55%。

蒸发 年蒸发量为1430.5～1801.7mm。蒸发量5～6月份最大，一般430～620mm，12～翌年1月最少为60～70mm。蒸发量与降水量的比，春季最大为8～11倍。因此春季土壤失墒严重，植物水分吸收与蒸发失去平衡，易出现抽梢现象。

风 全区属季风气候，风向的变化具有明显的季节性。虽因山区地形影响，但滤掉地方性因素引起的变化，仍具有其主导特征。冬季12月～翌年2月以偏北风为主，夏季6～8月以偏南风为主，春秋两季是这两种气流的转换季节，春季接近夏季情况，秋季则近于冬季风向。除静风外，年最多风向为西南和西北。

冻土 坝上地区始于10月下旬，北部始于11月中旬，南部始于11月下旬，一般11月底封冻。南部冻土深度一般年份110～125cm，中北部最大冻土深度大于150cm，坝上最深可达288cm。土壤解冻，南部始于3月上旬，中北部3月上旬末。土壤全部解冻，中南部4月上旬，北部为4月中旬～5月中旬，坝上则要到5月下旬才能全部解冻。

霜期 霜冻来临，作物停止生长。我区日平均稳定通过≥10℃的结束日期，与初霜冻出现日期不一致。初霜冻日期早于≥10℃的终止日期，使得植物的生长期缩短甚至停滞，造成植物木质化不充分而出现霜冻危害。全区南北无霜期相差73天。

承德地区无霜期、初霜日期和≥10℃终止日期及差值

地 区	无霜期（天）	初霜期（日／月）	≥10℃终止日（日／月）	差值（天）
南 部	137～152	30/9～3/10	4/10～11/10	4～8
中 部	137～149	26/9～1/10	7/10～10/10	11
北 部	124～128	22/9～24/9	13/9～15/9	3～12
坝 上	73～79	27/8～29-8	8/9～10/9	10～14

2. 常见气象灾害

干旱　承德地区主要的气象灾害。"十年九旱"是对全区干旱发生的概括总结。干旱因出现季节性的不同，可分为春旱、初夏旱、夏旱和秋旱，而以春旱居多，夏旱也时常发生，危害亦比较严重，秋旱则发生较少。我区春旱的分布以丰宁、围场、隆化、滦平四县为主，其他县区次之。

霜冻　指植物生长季节内，当温度下降到某一临界温度值时，植物出现冻害现象。一般喜温植物在地面温度降低到0℃或以下时将受害。我们以最低气温降低到≤2℃和≤0℃时分别作为轻霜冻和重霜冻的指标。

我区无霜期南长北短，霜冻程度北重南轻。

冰雹　主要发生在春末至秋初这一时期，始于4月份，终于10月份。以6月和9月发生次数最多，我区冰雹主要来自内蒙古，后经围场、丰宁、隆化的地形抬升作用而加强，由北向南分别侵入全区各地。

大风 主要受寒潮大风和雷雨大风影响。寒潮大风主要发生在冬春季节，出现频繁，风蚀严重；雷雨大风则发生在7～8月份，此时正是各种作物生长阶段，常因大风突起，造成茎干折断和植株倒伏，树枝折落。

低温冷害 主要气象灾害之一。往往不易被人们注意，它的特征是累积温度少，热量不足，或者某一时段气温偏低，影响植物正常生长发育。

（五）植被

承德地区植被类型复杂，种类丰富，约有高等植物1900多种，隶属于185科、720属。菊科、禾本科、豆科、蔷薇科种类最多，百合科、唇形科、伞形科、毛茛科、十字花科、石竹科、壳斗科、华木科、榆科、松科、柏科、槭树科、杨柳科分布较为广泛。

1. 植物区系

属泛北极植物区的中国日本植物亚区、华北植物省及欧洲西伯利亚植物亚区交汇地带，区系成分具有过渡交错性，因而形成植物种类繁多、形态丰富、观赏价值高、植株茂密的特点。欧洲西伯利亚植物区系成分如华北落叶松、白杆、青杆、铃兰、假报春

等；欧亚草原区系成分如柽柳、蓝花棘豆、猪毛菜、赖草、草木犀、野罂粟等；东北植物区系成分有蒙古栎、白桦、糠椴、紫椴、风箱果、锦带花、刺五加、核桃楸、蚂蚱腿子、毛榛、桔梗、射干等；华北植物区系如臭椿、栾树、文冠果、酸枣、荆条、柿树、黄连木等。

2. 植物分布

全区植被分属于我国北暖温带阔叶林亚带、温带半旱生落叶阔叶林带和温带干性灌木草原带。

（1）高原地区（坝上地区）植被

由东向西从寒温带森林草原过渡到寒温带草甸草原，植物以针叶林、针阔混交林、小灌木林、旱生草本植物为主。这一地区海拔在1400～1800m之间，针叶林有华北落叶松、白杆、青杆、樟子松，阔叶林如白桦、榆树、蒙古栎、山杨、山稠李、花楸、悬钩子、山荆子、美蔷薇、六道木、小檗、红花锦鸡儿、金露梅、银露梅等，草本植物主要有野罂粟、狼毒、蓝花棘豆、金莲花、黄蓍、翻白委陵菜、黄花菜、柳兰、草木犀等，水生植物有荇菜、野睡莲、野慈姑、水蓼等。

（2）山地地区（坝下地区）植被

受地形、地貌及气候等因子的影响，此区域植被类型多样，主要分为六种植被类型。

亚高山草甸：主要分布在兴隆雾灵山、平泉光头山、宽城都山、丰宁云雾山等海拔1600m的林线以上地带，以低矮小灌木、杂草类为主，植物耐寒、喜湿。低矮小灌木有美蔷薇、金露梅、银露梅、山荆子等，草本植物如野罂粟、金莲花、马莲、蓝刺头、黄花萱草、柳兰、穗花马先蒿等。

针叶林：树种有白杆、青杆、华北落叶松、油松、侧柏。白杆、青杆、华北落叶松多生长于1600m以上的山地阴坡，林下土壤为棕壤；油松、侧柏常生长在200～1000m的山地丘陵阳坡或半阴坡，林下土壤多为棕壤或褐土。由于林分郁闭度大，林下阴湿，土壤呈微酸性或偏碱性(侧柏林呈偏碱性)，使得林间及林下植被较少，主要有花楸、白桦、红桦、六道木、悬钩子、山杏、三裂绣线菊、胡枝子、照山白、耧斗菜、雾灵乌头等。

针阔混交林：承德地区主要的森林植被类型。主要分布在海拔700～1400m山地丘陵地区，以阔叶林为主。针叶树主要有油松、华北落叶松，偶有青杆、侧柏，阔叶树主要有山杨、白桦、椴树、蒙古栎、地锦槭、蒙桑、山桑、白蜡、核桃楸。林下植被种类丰富，郁闭度高，常见有锦带花、胡枝子、六道木、荚蒾、北五味子、山葡萄、鼠李、大果榆、大花铁线莲、大花溲疏、土庄绣线菊、三裂绣线菊、荆条、大叶铁线莲、南蛇藤、杠柳等。草本有华北耧斗菜、丹参、黄芩、匍枝委陵菜、马莲、小红菊、射干、桔梗、玉竹、野鸢尾、蝙蝠葛、沙参、华北蓝盆花。

阔叶林：承德地区主要的森林植被类型。海拔在200～1800m山地丘陵，主要乔木树种有栎属、桦树、山杨、榆属、槭属、椴属、桑属。主要分布在较高海拔山地的中下部及较低海拔山地的全部，此区域植物种类丰富。土壤多为山地褐土或棕壤。森林群落以混交为主，少有纯林，由乔木层、灌木层和草本层组成，林下灌木、草本植物丰富。常见有胡枝子、大花溲疏、三裂绣线菊、土庄绣线菊、荆条、锦带花、照山白、迎红杜鹃、忍冬、接骨木、蚂蚱腿子、华北耧斗菜、丹参、黄芩、匍枝委陵菜、射干、桔梗、玉竹、白屈菜、铃兰、地榆、羊胡子草、矮紫苞鸢尾、华北蹄盖蕨、雾灵蹄盖蕨、峨眉蕨、荚果蕨。

山地干性灌草丛：分布于低山丘陵、干旱山坡及山顶区域。一般多为水分、土质较差的地方出现的植被类型，以小乔木、灌木及草本植物组成。常见有山杏、荆条、酸枣、花木蓝、山榆、野山楂、多花胡枝子，草本有黄背草、白羊草、委陵菜、白头翁、藜等。

河谷草甸及湿生植被：分布在河流两岸、沟谷地带及水湿区域，土壤为草甸土，植物以各类草本为主。常见有旱柳、白榆、杨树、二月蓝、白屈菜、委陵菜、旋复花、紫花地

丁、蛇莓、苦荬菜、荷花、菖蒲、香蒲、水葱、芦苇、千屈菜等。

3. 生态习性特点

由于植被生长受自然地形、气候、土壤及其他生态因素的影响，其生态习性差异较大，掌握生长地的生态特点，便于适地适树应用。

分布在丰宁、围场坝上及亚高山草甸地区的高海拔植被，总体表现为植株低矮、株形紧凑、花色艳丽、纯正。生长习性为喜光照、冷凉气候，耐干旱瘠薄，抗逆性强，但耐热能力差。移植到较低海拔地区出现植株徒长，生长势弱，花期提前或受抑制，部分植物越夏死亡现象。

分布海拔1600m以下山地、丘陵地区的植被因受气候、垂直分布及地形复杂的影响，其生物学特性及生态习性差异较大。中、北部地区的植物适应环境的能力较强；南部地区部分种类植物耐热性强但抗寒力较差。

同一地区的花卉处于不同环境条件，其生态习性的表现也不同。处于林荫下，具有一定的耐阴能力并喜湿润环境；处于林荫外的植物喜光照并具有一定的抗逆性。

二、承德园林概况

　　承德地区历史悠久，多民族聚集融合。先后经历了红山、山戎、契丹以及满清等不同时期的文化，形成了各具风情的地域建筑景观，这些景观的形成与发展在清朝康乾时期达到顶峰。当年康熙、乾隆皇帝为了融合北方各民族，采用怀柔政策进行木兰秋狝，并在御道两侧修建了多座具有满清风格的驿站、行宫，这些宫殿和苑景构成了承德的古典园林。避暑山庄及周围寺庙最具代表性，避暑山庄是我国现存最大、保存最完整的皇家园林，是中国古典园林艺术和古建筑艺术的瑰宝。

　　承德现代园林的发展正是以古典皇家园林为底蕴，逐步建设具有北方地域特色的生态山水文化园林。

（一）古典皇家园林——避暑山庄及周围寺庙

　　避暑山庄及周围寺庙，是中国现存最大的古代帝王苑囿和皇家寺庙群，它集中展现了中国古代造园艺术和建筑艺术精华。在造园上，体现了中国古典园林"以人为之美入自然，符合自然而又超越自然"的传统造园思想，运用各种造园素材、造园技法，使

自然山水园林与园林建筑巧妙结合；在建筑上，它运用各种建筑技艺，汲取中国南北名园、名寺的精华，仿中有创，表达了"移天缩地在君怀"的建筑主题。在园林与寺庙、单体与组群建筑的具体构建上，避暑山庄及周围寺庙融合了中国古代南北造园艺术和建筑艺术。

避暑山庄，又称"热河行宫"、"承德离宫"，是典型的集起居、理政、游乐、观赏于一体的皇家苑囿，具有北方园林雄奇浑厚、古朴幽深的韵味和南方园林典雅和谐、玲珑剔透的风格。始建于康熙四十二年（1703年），乾隆五十七年（1792年）建成，历时89年。整体布局为东南多水，西北多山，是中国自然地貌的缩影。避暑山庄占地564hm²，分为宫殿区和苑景区两部分，苑景区又分为湖区、草原区、山峦区三部分。宫殿区位于山庄南部，地形平坦，是皇帝处理朝政、举行庆典和生活起居的处所，由正宫、松鹤斋、万壑松风和东宫四组建筑组成，建筑风格古朴典雅，庄严肃穆。湖区在宫殿区的北面，有8个小岛屿将湖面分割成大小不同的区域，层次分明，洲岛错落；湖中热河泉水汩涌而出，供给湖区，并向南流出汇入武烈河，形成热河；湖区三季波光潋滟，碧波荡漾，一派江南景色，寓意江南鱼米之乡。草原区在湖区北面的山脚下，绿草如茵，一展如毯，地势开阔，有万树园和试马埭景观，展现的是一片碧草蓝天、林木茂盛的茫茫草原风光。山峦区在山庄的西北部，面积约占全园的70%，这里地形起伏，沟壑纵横，峰峦叠翠，植物郁郁葱葱，众多楼堂殿阁、庙宇点缀其间。

　　山庄内散布着南山积雪、万壑松风、水心榭、如意州等七十二景观，其中康熙以四字、乾隆以三字各题三十六景。除康乾七十二景外，另有殿、阁、轩、斋、楼、台、寺、观、庵等各种建筑120余组，园内的建筑形式多样，随山依水，以松为斋，临溪建阁，水上造榭，步移景异，美不胜收。山庄整体布局巧用地形，因山就势，借景生境，引水造景，分区明确，景色丰富，植物配置巧妙，充分体现了"师法自然、移天缩地"的造园手法。

　　周围寺庙亦称"外八庙"。坐落于避暑山庄东面和北面的山麓，分布着12座建筑风格各异的寺庙，主要有溥仁寺、普乐寺、安远庙、普宁寺、须弥福寺之庙、普陀宗乘之庙、殊像寺、溥善寺（已毁）等，其中的八座寺庙由清政府理藩院直接管理，且又在古北口外，故统称"外八庙"。

　　这些寺庙具有汉、满、蒙、藏不同民族风格，气势磅礴，巍峨壮观，每座寺庙的兴建都有特定的历史背景，分别向人们展示着平定准噶尔叛乱、达什达瓦举迁热河、土尔扈特部回归祖国、六世班禅万里东行等一幅幅历史画卷。座座古刹，殿阁岿巍，青松凝翠，与避暑山庄遥相辉映，形成众星拱月之势，体现了我国多民族文化艺术的交流与融合。

　　1994年，承德避暑山庄及周围寺庙被联合国教科文组织列为世界文化遗产，2007年被国家批准为首批5A级旅游景区。

（二）山水文化园林

　　新中国成立以来，承德大力开展城乡绿化美化，多渠道绿化，多举措保护，初步达到了大地园林化的预期目标。截至2010年，森林覆盖率达55.8%，居华北地区首位。

　　近年来，确定以乡土树种油松、国槐为市树，玫瑰为市花，加快城市园林绿化建设步伐。同时针对城市周围山体植被茂密，而城区绿量不足的实际，全方位提升园林绿化美化水平。充分利用独特的地形地貌、丰富的植物及水域资源，依托秀丽的自然风光、众多名胜古迹，挖掘历史文化元素，汲取古典园林精华，形成具有北方地域特色的山水文化园林。

依据《城市绿地系统规划》，按照建设"以山为骨，以绿为脉，以水为魂，以文为蕴"的大避暑山庄战略构想，提出保护古典园林"促绿"、依托山体景观"借绿"、借助水系治理"扩绿"、实施城市中疏"还绿"的思路，加速推进园林绿化建设。

保护古典园林，彰显文化园林特色。建设山水文化园林，首当其冲要保护古典园林。全区通过保护、修缮、恢复名胜古迹，挖掘红山、山戎、契丹以及满清地域历史文化元素等措施，使古典造园艺术、历史文化元素与园林绿化建设有机融合，相互促进，达到园林艺术的升华。避暑山庄及周围寺庙实施古建整修工程，对宫殿区、湖区古建筑及普陀宗乘之庙、须弥福寿之庙等寺庙进行全面的修缮保护；对避暑山庄的松鹤斋、普陀宗乘之庙千佛阁、殊像寺宝相阁等古建筑按着原貌、原工艺进行恢复；同时对园林植被按史料记载进行恢复改造，加强古树名木的保护及病虫害防治工作。

文物古迹周围园林绿化建设要与古典园林景观整体风格相协调，运用自然式造园手法，植物配置以乡土树种为主，既与古典景观相融合，又能充分体现地域特色。

山地景观园林建设。针对承德地区城市多建在山谷沟壑之中，平地少，建设用地紧张的实际，利用周边山体植被茂密和独特的丹霞地貌等自然优势，树立"园林上山"理念，建设城市山体休闲公园。挖掘当地文化元素，使之融入山体公园建设中，将地域人文景观、山体自然景观与园林艺术巧妙结合，修建风格各异的景观建筑与园林小品；依据自然景观规划要求，调整公园植被林相结构，增加植被种类，提高植物的观赏性与季相变化；规划山地公园的功能区域，建设休闲设施，满足不同人群健身需求。公园规划、建设因地设景，体现实用性与节约型的休闲园林特点。

滨河园林景观。水是城市的灵魂，是园林绿化不可或缺的要素之一。承德利用自然河流穿城而过、水量较为充沛的优势，采用橡胶挡坝等方式建起了具有北方山地城市特色的滨河水域。在不影响行洪的前提下，对沿岸、副堤及湿地等区域进行绿化，形成集健身、休闲、观赏于一体的生态景观带，对改善城市微环境气候起着重要作用。滨河园林景观的建成，不仅增加了人们的亲水空间，为人们提供了风景优美的休闲去处，同时开阔的水面

与洲岛林地，也为鱼类和水鸟等生物提供了良好的栖息生境。

老城区绿化景观改造。针对城区绿量少，绿地率低的现状，利用老城区人口外迁、功能外移，将所拆出的地域进行绿化，建精致典雅的园林文化景观。本着宜园则园、宜景则景的原则，将较大地块建成游园，零散小地块建成园林小景，体现小能成景、小中见大的效果，充分展现山地城市造园的小巧、古朴。植物选择以乡土树种为主，突出地域特色，同时注重物种的多样性和色彩的搭配。

承德因避暑山庄而建，承德的园林建设以大避暑山庄为理念，形成以城乡绿化为基调，以皇家园林为精髓，以地域文化为底蕴，以山地园林为特色，以滨水园林为亮点，以游园绿地为精品，以道路绿化为网络，以单位庭院绿化为补充的点、线、面相结合的生态园林格局。

银 杏

学名: *Ginkgo biloba* L.
别名: 白果树，公孙树
科属: 银杏科 银杏属

[**形态特征**] 落叶乔木。树冠广卵形，青壮年树冠圆锥形；树皮灰褐色，不规则纵裂，幼树树皮平滑，浅灰色；主枝斜出，多轮生，枝有长枝、短枝之分。叶互生，在长枝上辐射状散生，在短枝上3～5枚簇生；有细长的叶柄，叶片折扇形，有二叉状叶脉，两面淡绿色，深秋金黄色。雌雄异株，球花单生于短枝的叶腋或苞腋，雄球花成柔荑花序状，雌球花无花被，有长柄。种实核果状，椭圆形，成熟时淡黄色或橙黄色，外被白粉；外种皮肉质，成熟后有臭味。花期4～5月；果期9～10月。

银杏叶片

银杏果实

银杏

[**产地分布**] 中国特产。国内北自沈阳，南到广东北部，东自沿海，西至云贵高原多有分布栽培。

[**生态习性**] 阳性树。喜温暖湿润气候，喜肥沃、排水良好的深厚土壤，以中性或微酸性土壤为宜。较耐旱，不耐积水，耐寒性强。深根性树种，根系发达，寿命极长，初期生长较慢。萌蘖性强，抗逆性强。

[**繁殖栽培**] 以播种、嫁接繁殖为主。栽培上通常带土球栽植，深度与根际相平，不可过深。修剪不宜过重，应保留中心枝。新植期间预防日灼。

[**常见病虫害**] 病害主要有根腐病、黄化病、白粉病及腐烂病等；虫害有光肩星天牛、卷叶蛾、介壳虫等。

[**观赏特性**] 树体高大，树干通直，冠大荫浓，姿态优美；枝叶茂密，叶似折扇，春夏翠绿，深秋金黄。

[**园林应用**] 著名的长寿观赏树种。适宜作庭荫树、行道树或风景树。可孤植、丛植、列植、群植，亦可作盆景材料。

中国各城市最早用银杏作行道树的当推丹东市。近年来，除坝上地区外，承德各县区均有应用。产地来自承德以南的苗木应进行驯化，适应本地环境后再应用。

华北落叶松

学　名：*Larix principis-rupprechtii* Mayr
别　名：落叶松，雾灵落叶松
科　属：松科 落叶松属

华北落叶松枝、叶

华北落叶松果实

华北落叶松

华北落叶松秋态

[形态特征] 针叶乔木。树冠圆锥形；树皮暗灰褐色，呈不规则鳞状开裂；大枝平展，有长短枝之分；小枝略垂，1年生枝淡褐黄或淡褐色，有时被白粉。叶扁平条形，叶在长枝上螺旋状散生，在短枝上簇生；新叶鲜绿色，老叶深绿色，秋叶金黄色。球果长卵形或卵圆形。种子灰白色，有褐色斑纹，有长翅。花期4～5月；果期9～10月。

[产地分布] 产于中国华北。现东北、华北及西北地区多有分布栽培。

[生态习性] 强阳性树。性极耐寒，喜冷凉气候，忌炎热环境。对土壤适应性强，喜深厚、湿润而排水良好的酸性或中性土壤。

[繁殖栽培] 种子繁殖。种子需沙藏或雪藏处理。幼苗夏季需遮阴，防水涝。

[常见病虫害] 主要有立枯病、落叶松锈斑病；蛴螬、小地老虎、落叶松锉叶蜂、落叶松球蚜等。

[观赏特性] 树冠整齐，圆锥形，针叶轻柔潇洒，春叶鲜绿，秋叶金黄，形成美丽的风景。

[园林应用] 适宜在公园绿地、风景区丛植、群植。应在较高海拔和较高纬度地区应用。

核 桃

学 名: *Juglans regia* L.
别 名: 胡桃
科 属: 胡桃科 胡桃属

[**形态特征**] 落叶乔木。树皮灰白色，浅纵裂，小枝光滑，髓白色片状分隔；幼枝先端具细柔毛，2年生枝常无毛。奇数羽状复叶，小叶椭圆状卵形，全缘，叶表无毛，叶背仅脉腋有微毛。果序短，核果近球形，灰绿色，外果皮肉质，外表光滑。内部坚果球形，黄褐色，表面有不规则槽纹。花期4～5月；果期9～11月。

[**产地分布**] 原产我国新疆；阿富汗及伊朗。各地多有栽培。

[**生态习性**] 喜光，耐寒，耐旱，抗病能力强。适应多种土壤生长，喜水肥。

[**繁殖栽培**] 播种、嫁接繁殖。

[**常见病虫害**] 主要有核桃枝枯病、黑斑病、炭疽病；叶甲、横沟象、天蛾等。

[**观赏特性**] 树冠广阔，枝叶茂密，浓荫如盖，果实累累。

[**园林应用**] 适宜作孤赏树及庭荫树。郊野公园、风景区绿化的良好树种。

承德南部有栽培，中部小环境可应用。

核桃

核桃叶片

核桃果实

[同属常见植物]

核桃楸 *J. mandshurica*

树皮灰色或暗灰色，浅纵裂；小枝粗壮，幼时被短茸毛，皮孔隆起，髓部薄片状。叶互生，奇数羽状复叶，基部膨大；叶柄及叶轴被短柔毛或星芒状毛，叶痕三角形；小叶卵状椭圆形，边缘具细锯齿，先端渐尖，叶面幼时有腺毛，后脱落，背面密被星状毛。雌雄同株，异花，雄花柔荑花序下垂，雌花序穗状，直立。核果卵形，顶端尖，有腺毛。

核桃楸果实

核桃楸叶片

枫 杨

学 名： *Pterocarya stenoptera* C.DC.
别 名： 枫柳，蜈蚣柳
科 属： 胡桃科 枫杨属

[**形态特征**] 落叶大乔木。树冠广卵形；干皮灰褐色，幼时光滑，老时纵裂；小枝灰色有毛，有明显的皮孔且髓心片隔状。奇数羽状复叶，顶叶常缺成偶数状，缘具细齿，叶背沿脉及脉腋有毛。雌雄同株异花，雄花柔荑花序状，生于叶腋；雌花穗状，生于枝顶。果序下垂，小坚果近球形，两端具翅，斜展。花期4～5月；果期8～9月。

[**产地分布**] 原产我国，现广泛分布于东北东南部、华北、华中、西北、华南地区。

[**生态习性**] 阳性树种。耐阴，耐水湿，耐寒，耐旱。以深厚肥沃的土壤为宜。深根性，根系发达，萌蘖力强。

对二氧化硫、氯气等抗性强。

[**繁殖栽培**] 播种繁殖。当年秋播出芽率较高。幼苗易生侧枝，应及时整形修剪，保持良好的干形。在树液流动前或展叶后修剪。

[**常见病虫害**] 主要有丛枝病；天牛、刺蛾、介壳虫等。

[**观赏特性**] 树冠广阔，枝叶茂密，浓荫如盖，花序美观，果翅优美。

[**园林应用**] 作风景树、庭荫树及行道树。因其耐湿力较强，侧根发达，多布置于溪边、湖畔，为固堤护岸的良好树种。

承德地区应用，栽培初期预防日灼伤害。

枫杨果实

枫杨叶片

枫杨

新疆杨

学 名： *Populus alba* 'Pyramidalis'
科 属： 杨柳科 杨属

[**形态特征**] 落叶乔木。树冠塔形；侧枝向上集拢，干皮淡绿色，老时灰白色，光滑；小枝初被毛，后脱落。单叶互生，叶表光滑，叶背被白色茸毛。雌雄异株，柔荑花序。花期3～4月；果期4～5月。

[**产地分布**] 原产我国新疆。各地广泛栽培。

[**生态习性**] 阳性树种。喜光，耐寒性强。耐干旱、瘠薄及盐渍，喜温暖、湿润气候及肥沃的中性及微酸性土。深根性，生长缓慢，抗风力强。

[**繁殖栽培**] 扦插、嫁接繁殖。

[**常见病虫害**] 主要有锈病、黑斑病；天牛、蚜虫等。

[**观赏特性**] 树体高大挺拔，干皮光滑洁白，盛夏浓荫遮日，冬季树形优美。

[**园林应用**] 常用于孤赏树、庭荫树及行道树。可孤植、丛植和列植。良好的城镇"四旁"绿化树种。

　　承德地区广泛应用的观赏树种。

新疆杨

新疆杨叶片

新疆杨叶背面

新疆杨树干

毛白杨

学 名：*Populus tomentosa* Carr.
别 名：大叶杨
科 属：杨柳科 杨属

毛白杨

毛白杨树干

[产地分布] 原产我国。西北、东北、华北广泛分布栽培。

[生态习性] 阳性树种。较耐寒，喜光、喜温暖、湿润环境，对土壤要求不严，稍耐盐碱，抗污染能力强。

[繁殖栽培] 常用扦插、压条、根蘖、嫁接繁殖。

[常见病虫害] 主要有毛白杨锈病、根癌病、溃疡病；透翅蛾、潜叶蛾、天牛、蚜虫等。

[观赏特性] 树体高大挺拔，冠幅雄伟，盛夏浓荫遮日，良好的遮阴树种。

[园林应用] 常用于孤赏树、庭荫树及行道树。可孤植、丛植和列植。城镇绿化注意飞絮现象，多选择雄株应用。

毛白杨叶片

毛白杨叶背面

[形态特征] 落叶乔木。树冠卵圆形；树皮灰白色，老时深灰色，纵裂；幼枝有灰色茸毛，老枝平滑无毛，芽稍有茸毛，有明显散生皮孔。叶互生；长枝上的叶片三角状卵圆形，先端尖，基部平截或近心形，边缘有复锯齿，上面深绿色，疏有柔毛，下面有灰白色茸毛。柔荑花序生于枝先端，雌雄异株，先叶开放。苞片卵圆形，尖裂，具长柔毛。蒴果圆锥形或扁卵形。花期3～4月；果期4月。

[同属常见植物]

▶ 银中杨 ▷ *P. alba* 'Berolinensis'

银中杨叶片

树干广卵形或圆球形，树皮灰白色，光滑，老时纵深裂，具"丁字形"皮孔，幼枝叶及芽密被白色茸毛，老叶背面及叶柄密被白色茸毛。

承德地区良好的城镇绿化树种。

银中杨叶背面

银中杨

银中杨树干

加拿大杨 *P. × canadensis*

　　树皮粗厚，深沟裂，干皮幼时灰绿色，老时灰褐色；小枝圆柱形，有三条棱脊。芽大，先端反曲，有黏液。叶三角形或三角状卵形，叶柄侧扁而长，带红色，叶面深绿色，两面光滑无毛。柔荑花序，先叶开放。本种系美洲黑杨与欧洲黑杨之杂交种，雄株多，雌株少，一般采用扦插繁殖。适合作行道树、庭荫树及防护林用。由于是速生树种，寿命短，有枯梢现象，现园林绿化应用较少。

加拿大杨

加拿大杨叶片

加拿大杨树干

小叶杨 *P. simonii*

树冠广卵形，干皮幼时灰绿、光滑，老时暗灰、纵裂；小枝红褐或黄褐色，具棱。叶菱状椭圆形，两面光滑无毛，叶表绿色，叶背苍绿色，叶脉和叶柄均带红色。常作行道树、庭荫树及防护林树应用。

小叶杨叶片

小叶杨叶背面

小叶杨树干

小叶杨

青 杨 》*P. cathayana*

　　树冠卵形，树皮幼时灰绿色，平滑，老时灰白色，浅纵裂；小枝无棱。叶卵形，先端渐尖，缘有细锯齿，枝叶均无毛。冬芽多黏胶。用扦插、播种等方法繁殖。可做行道树、庭荫树、孤赏树，也可用于河滩绿化。

青杨叶片

青杨树干

青杨

旱柳

学 名: *Salix matsudana* Koidz.
别 名: 柳树,河柳
科 属: 杨柳科 柳属

[形态特征] 落叶乔木。树冠圆形或倒卵形;老树皮灰黑色,纵裂;枝条直立斜上开张,嫩枝淡黄绿色或黄绿色。叶披针形或条状披针形,先端渐尖,两面无毛,缘具细锯齿,嫩叶有丝毛,后脱落。雌雄异株,腋生柔荑花序,短圆柱状,雄花黄色,雌花黄绿色。种子小,暗褐色,被丝状细毛。花期3~4月;果期4~5月。

[产地分布] 原产我国。全国各地多有分布栽培。

[生态习性] 喜光,耐寒,耐旱,耐湿,耐轻盐碱。喜湿润、排水、通气良好的沙壤土,对病虫害及大气污染的抗性较强。萌芽力强,根系发达,生长快。

[繁殖栽培] 以播种、扦插繁殖为主。

[常见病虫害] 病害有柳锈病、烟煤病、腐心病等;虫害有蚜虫、柳毒蛾、天牛等。

[观赏特性] 枝叶柔软嫩绿,树冠丰满,树形美。

[园林应用] 是我国北方常用的庭荫树、行道树及"四旁"绿化树种。常种植在河湖岸边或孤植于草坪绿地,亦可作防护林树。

由于种子成熟后柳絮飞扬,故绿化宜用雄株。

[同属常见植物]

银芽柳 *S. leucopithecia*

枝条绿褐色,具红晕,幼时具绢毛,老时脱落。冬芽红紫色,苞片具光泽。叶片长椭圆形,长达15cm,先端尖,表面微皱,深绿色,背面密被白毛,半革质。雄花序椭圆柱形,早春叶前开放,盛开时花序密被银白色绢毛,苞片脱落后,露出银白色的花芽。冬春季观赏枝条及芽鳞。

2004年引入承德,露地越冬生长良好。

旱柳

银芽柳叶片

垂柳

垂 柳 〉 *S. babylonica*

树冠倒广卵形。小枝细长下垂,淡黄褐色。叶互生,披针形或条状披针形,先端渐长尖,基部楔形,缘具细锯齿,表面绿色,背面蓝灰绿色。柔荑花序生于短枝枝顶,雌花具1个腺体。蒴果两裂,种子有毛。

因越冬能力差,承德地区应用较少。

馒头柳 〉 *S. matsudana* f. *umbraculifera*

旱柳变种,分枝密,斜向上,梢端齐整,形成半圆形树冠,状如馒头。

承德地区良好的观赏树种。

馒头柳

馒头柳叶片

金丝垂柳

金丝垂柳叶片

金丝垂柳 〉 *S. × aureo-pendula*

生长季节枝条为黄绿色，细长下垂；叶狭长披针形，缘有细锯齿，落叶后至早春枝条为金黄色。多以扦插或以旱柳嫁接繁殖。

北方优良的冬季观赏树种。

金丝垂柳冬态

‘龙须’柳 *S. matsudana* ‘Tortuosa’

枝条扭曲向上斜展，小枝淡黄色或绿色，无毛，枝
顶微垂，无顶芽。良好的观枝干树种。

‘龙须’柳叶片

‘龙须’柳枝条

龙须柳

绦 柳

学 名: *Salix matsudana* f. *pendula*
别 名: 垂柳
科 属: 杨柳科 柳属

[形态特征] 落叶乔木。树皮灰黑色，纵裂。枝条细长下垂，比垂柳短；小枝黄色。叶互生，披针形或条状披针形，叶表浓绿色，叶背绿灰白色，两面均平滑无毛，具有托叶。花开于叶后，雄花序为柔荑花序，雌花具2个腺体。蒴果成熟后2瓣裂，内藏种子多枚，种子上具有一丛棉毛。

[生态习性] 喜光，耐寒，耐水湿及干旱。对土壤要求不严，干旱瘠薄沙地、低湿沙滩和弱盐碱地上均能生长。对空气污染、二氧化硫及尘埃的抵抗力强。

[产地分布] 原产我国。全国各地多有分布栽培。

[繁殖栽培] 扦插繁殖。

[常见病虫害] 病害有柳锈病、烟煤病等；虫害有蚜虫、天牛等。

[观赏特性] 枝叶柔软嫩绿，枝条下垂，树冠丰满，树姿优美。

[园林应用] 我国北方常用的庭荫树、行道树。常种植在河湖岸边或孤植于草坪绿地，亦可作防护林树。北方良好的园林绿化树种。

由于种子成熟后柳絮飞扬，故绿化宜用雄株。

承德地区应用最广泛的观赏树种。

绦柳叶片

绦柳

白 桦

学　名： *Betula platyphylla* Suk.
别　名： 桦树，桦皮树
科　属： 桦木科　桦木属

白桦

白桦冬态

白桦果实

白桦叶片

[形态特征] 落叶乔木。树冠卵圆形；树皮白色，纸状分层剥离，皮孔黄色；小枝细，红褐色，无毛，外被白色蜡层。叶三角状卵形或菱状卵形，先端渐尖，缘具不规则重锯齿，背面疏生油腺点，无毛。花单性，雌雄同株，柔荑花序。果序单生，下垂，圆柱形。坚果小而扁，两侧具宽翅。花期5～6月；果期8～10月。

[产地分布] 原产我国。现东北、华北地区多有分布栽培。

[生态习性] 强阳性，不耐阴。耐严寒。对土壤适应性强，耐瘠薄，喜微酸性及中性土。深根性，生长较快，萌芽力强。

[繁殖栽培] 播种繁殖。栽植不宜过深，以根际为宜。春季修剪不宜过晚，以免造成伤流过多。

[常见病虫害] 主要有柳毒蛾、棕尾毒蛾、云斑天牛等。

[观赏特性] 树干修直，洁白雅致；枝叶扶疏，姿态优美。生长季节白绿相衬，清雅美观，冬季树干挺拔俊秀。

[园林应用] 宜作风景树。可丛植、群植于风景区、公园绿地、庭院及草坪、池畔、湖滨等处。

承德地区优美的观干形树种。

板栗

学 名：*Castanea mollissima* Bl.
别 名：栗子
科 属：壳斗科 栗属

[形态特征] 落叶乔木。树冠扁球形；树皮灰褐色，交错纵深裂；小枝有灰色茸毛或散生长茸毛，无顶芽。羽状复叶互生，排成2列，椭圆形至长椭圆状披针形，先端渐尖，基部圆形，缘具锯齿，齿端芒状；表面深绿色，有光泽，背面常有灰白色短茸毛。柔荑花序，花单性，无花瓣，雌雄同株；雄花序直立，雌花生于雄花序基部。总苞球形（壳斗），密被长针刺，内藏坚果2～3个，熟时裂为4瓣；坚果半球形或扁球形，暗褐色。花期5～6月；果期9～10月。

[产地分布] 我国特产。全国各地多有分布栽培。

[生态习性] 喜光树种。光照不足引起内部枝条衰枯。较耐寒，耐旱，喜温凉气候。对土壤要求不严，喜肥沃湿润、排水良好的沙质壤土，忌积水，忌土壤黏重。深根性，根系发达，萌芽力强，寿命长。对有害气体抗性强。

[繁殖栽培] 主要采用播种、嫁接繁殖，分蘖也可。

[常见病虫害] 病害主要有胴枯病、腐烂病等；虫害主要有栗大蚜、栗果象甲、红蜘蛛等。

[观赏特性] 树冠圆广，枝繁叶大，树叶冬季宿留。花絮优美，壳斗形果实美丽。

[园林应用] 适宜做孤赏树及庭荫树。在公园草坪及坡地孤植或群植均适宜，亦可作风景区绿化树种。

承德中南部地区良好的观花、果树种。

板栗叶片

板栗花序

板栗果实

板栗

蒙古栎

学　名：*Quercus mongolica* Fisch.
别　名：橡子树，柞树
科　属：壳斗科 栎属

[形态特征] 落叶乔木。树冠卵圆形；树皮暗灰色，深纵裂；小枝粗壮，栗褐色，无毛，幼枝具棱，幼茎绿色。叶常聚生枝端，倒卵形或倒卵状长椭圆形，先端短钝或短凸尖，缘具深波状缺刻；叶柄短，疏生茸毛。花单性同株，雄花柔荑花序，下垂；雌花序总苞杯状，包果壁厚，包鳞三角状卵形，背部成半球形瘤状突起，密被灰白色短茸毛。坚果单生，卵形或长卵形，无毛。花期5～6月；果期9～10月。

[产地分布] 原产我国。主要分布在东北、华北、西北各地，华中地区亦少量分布栽培。

[生态习性] 喜光树种。适应性强，耐干旱瘠薄，不耐水湿。耐寒性强。对土壤要求不严，酸性、中性或石灰岩土壤都能生长，主根发达，有很强的萌蘖性。

[繁殖栽培] 播种繁殖，种子需沙藏处理。深根性，须根少，不耐移植。

[常见病虫害] 虫害主要有天幕毛虫、栗实象等。

[观赏特性] 叶形、果实奇特。秋叶由黄变红，观赏性较强。

[园林应用] 宜作风景树。可孤植、丛植、群植或与其它树木混交栽植均适宜。

[同属常见植物]

辽东栎 　*Q. liaotungensis*

树皮暗灰色，深纵裂；幼枝无毛，灰绿色。叶革质，倒卵形至椭圆状倒卵形，顶端圆顿，叶缘具5～7对波状浅圆锯齿，叶背仅幼时沿叶脉有疏柔毛。壳斗杯状，包坚果的1/3，包片扁平，无瘤状突起。

蒙古栎果实

蒙古栎叶片

蒙古栎

蒙古栎秋叶

小叶朴

学 名： *Celtis bungeana* Bl.
别 名： 黑弹树
科 属： 榆科 朴树属

[形态特征] 落叶乔木。树冠倒广卵形至扁球形；树皮灰褐色，平滑；当年生枝淡褐色或绿色，无毛或微被短柔毛，老枝灰褐色。叶片互生平展，卵形至卵状披针形，先端尖至渐尖；表面绿色，有光泽，背面淡绿色，两面无毛，网脉明显。花杂性或单性，花绿色，与叶同时开放。核果球形，无毛，果梗长，成熟后蓝黑色。花期4～5月；果期9～10月。

[产地分布] 原产我国。现分布于东北南部、华北、西北及西南等地。

[生态习性] 喜光稍耐阴，耐寒。喜深厚、湿润的中性黏质土壤。深根性，萌蘖力强，生长缓慢。对烟尘污染等抗性强。

[繁殖栽培] 播种繁殖。

[常见病虫害] 虫害有刺蛾、大袋蛾等。

[观赏特性] 树冠宽广，冠大荫浓，叶片革质有光泽，果实蓝黑色。

[园林应用] 可孤植、丛植作孤赏树、庭荫树，也是工矿厂区绿化树种。

小叶朴果实

小叶朴

小叶朴叶片

白 榆

学 名： *Ulmus pumila* L.
别 名： 家榆，榆树
科 属： 榆科 榆属

白榆

白榆叶片

[形态特征] 落叶乔木。树冠圆球形；树皮暗灰色，纵裂粗糙；小枝灰白色，细长柔软，排成二列状。单叶互生，在枝上排成两列，叶椭圆状卵形或椭圆状披针形，先端尖或渐尖，缘具不规则重锯齿或单齿，老叶质地较厚。花先叶开放，簇生于上一年生枝的叶腋上，花药紫色。翅果近圆形，种子位于翅果中间，熟时黄白色，无毛。花期3～4月；果期4～6月。

[产地分布] 产自我国。分布于东北、华北、西北及华东地区。

[生态习性] 喜光，耐寒，抗旱。喜深厚、排水良好土壤。耐盐碱，含盐量0.3%以下可以生长。不耐水湿。抗性强，适应性强，寿命长。

[繁殖栽培] 以播种繁殖为主。种子随采随播，发芽率高。苗期应注意修剪以保持树干通直。

[常见病虫害] 病害主要有干腐病、褐斑病等；虫害有叶甲、天牛、刺蛾、榆毒蛾等。

[观赏特性] 树干通直，树体高大，冠大荫浓。著名的行道树种。

[园林应用] 宜作行道树、庭荫树。可孤植、列植、群植。北方"四旁"绿化的重要树种。幼树常密植作绿篱应用。承德地区乡土树种。

'中华金叶'榆

'中华金叶'榆叶片

[同属常见植物]

'中华金叶'榆 》 *U. pumila* 'Jinye'

　　幼枝密生，新生叶金黄色，有自然光泽，老叶黄绿色。以白榆作砧木嫁接。在庇荫环境下叶色变绿。优良的园林观叶树种。矮接幼树常作色带及绿篱应用。

垂　榆 》 *U. pumila* var. *pendula*

　　枝条柔软，弯曲下垂，冠如伞状。另见大叶垂榆。以白榆作砧木嫁接。常作风景树，可孤植、列植。

金叶垂榆 》 *U. pumila*

　　枝条柔软、细长下垂；单叶互生，叶片金黄色，有光泽。采用嫁接繁殖。多用白榆作砧木进行枝接或芽接。园林应用与垂榆相同。

大叶垂榆

垂榆

金叶垂榆

杜 仲

学 名: *Eucommia ulmoides* Oliv.
别 名: 丝连皮，思仲
科 属: 杜仲科 杜仲属

[形态特征] 落叶乔木。树冠圆球形至卵形；树皮灰褐色，浅纵裂；小枝光滑，黄褐色或淡褐色，无顶芽，具片状髓。皮、枝及叶均含胶质，折断有银白色细丝。单叶互生，椭圆形或卵形，先端渐尖，缘具锯齿；幼叶表面疏被柔毛，背面毛较密，老叶表面光滑，叶脉下陷，背面叶脉处疏被毛。雌雄异株，无花被。花单性，同叶开放，雄花簇生，花苞匙状，雌花单生于1年生枝基部苞片的腋内。翅果卵状长椭圆形而扁平，先端下凹。花期4～5月；果期9～10月。

[产地分布] 我国特产。分布于长江流域，现华北、西北多有分布栽培。

[生态习性] 喜光，不耐阴，较耐寒，耐干旱。喜温和湿润气候及深厚肥沃土壤，对土壤要求不严。根系浅，侧根发达，萌蘖性强。

[繁殖栽培] 以播种繁殖为主，也可扦插、压条、分蘖繁殖。大苗移栽要带土球，及时疏除萌蘖。

[常见病虫害] 病害有根腐病、立枯病、杜仲褐斑病等；虫害有蠹蛾、刺蛾、茶翅蝽等。

[观赏特性] 树形优美，枝叶茂密，叶色苍翠，清新秀美。良好的园林绿化观叶、观果树种。

[园林应用] 宜作观赏树、庭荫树及行道树。可在庭院、渠旁、路旁、公园、街道等处种植。

承德中南部地区小环境适宜应用。

杜仲叶片、果实

杜仲

构 树

学 名: *Broussonetia papyrifera*（L.）L' Her. ex Vent.
别 名: 楮桃树，谷木
科 属: 桑科 构属

构树

构树叶片

[形态特征] 落叶乔木。树冠开张，圆球形或扁圆球形；树皮平滑，浅灰色，不易裂，全株含乳汁；小枝密被丝状刚毛。单叶互生，有时近对生，叶卵形或椭圆形，偶有不规则3～5缺裂；叶面深绿色，具灰色粗毛，背面灰绿，密被灰色柔毛。雌雄异株，雄花柔荑花序下垂；雌花头状花序有梗。聚花果由瘦果聚合而成，果熟时由充满浆汁、红色肉质的子房柄托着种子伸出果外，橘红色。花期4～5月；果期8～9月。

[产地分布] 原产我国。北自华北、西北，南到西南各地多有分布栽培。

[生态习性] 喜光，也耐阴。适应性强，耐干旱瘠薄，耐水湿。抗寒。喜钙质土，也可在中、酸性土壤上生长。根系较浅，侧根分布很广，生长快，萌芽力强。对烟尘及有毒气体抗性强。

[繁殖栽培] 播种、分蘖、扦插繁殖。为避免雌株多浆的果实在成熟时大量落果，污染环境卫生，城镇绿化可嫁接雄株应用。

[常见病虫害] 主要有黄化萎缩病；象鼻虫、桑毛虫等。

[观赏特性] 枝叶茂密，花果艳丽。良好的观叶、观果树种。

[园林应用] 可作孤赏树、庭院树及风景林树，亦可作矿区及荒山坡地绿化树种。因对有毒气体抗性强(二氧化硫和氯气)，可在污染较重地区应用。

承德中南部地区小环境适宜应用。

桑 树

学 名：*Morus alba* L.
别 名：家桑
科 属：桑科 桑属

[形态特征] 落叶乔木。树冠倒广卵形；老树皮灰褐色，浅纵裂，幼树皮黄褐色；叶卵形或宽卵形，先端尖或渐短尖，基部圆或心形，缘具锯齿粗钝；幼树叶浅裂，正面粗糙无毛，背面沿叶脉疏生毛。雌雄异株，柔荑花序，聚花果（桑椹）紫黑色、淡红或白色。花期4～5月；果期6～7月。

[产地分布] 原产我国。我国南北各地多有分布栽培。

[生态习性] 喜光，喜温暖，耐寒，耐旱，忌水涝，能耐轻度盐碱。深根性，根系发达，速生，萌芽力强，寿命长。抗风，抗有毒气体。

[繁殖栽培] 以播种为主，也可分根、嫁接繁殖。移栽在春、秋两季进行，以秋栽为好。

[常见病虫害] 病害有桑疫病、桑卷叶枯病、桑黄化萎缩病、白粉病等；虫害有桑象鼻虫、桑尺蠖、桑毛虫、桑天牛等。

[观赏特性] 树冠广展，叶片亮丽，浓荫茂密，秋叶金黄，果实美丽。

[园林应用] 宜作孤赏树及庭荫树。工矿区及"四旁"绿化的主要树种。

桑树果实

桑树叶片

桑树

蒙桑叶片

'龙爪'桑冬态

[同属常见植物]

▶ 蒙 桑 〉 *M. mongolica*

落叶小乔木。小枝略显紫红，叶卵形或椭圆状卵形，先端尾尖，缘具刺芒状锯齿，叶柄较长可达6cm。

▶ '龙爪'桑 〉 *M. alba* 'Tortuosa'

枝条扭曲，似游龙。叶型大，长可达15cm，叶全缘。

'龙爪'桑叶片

紫玉兰

学 名: *Magnolia liliflora Desr.*
别 名: 木兰,辛夷
科 属: 木兰科 木兰属

[形态特征] 落叶小乔木。树冠卵形或近球形,常丛生;树皮灰白色,大枝近直伸,小枝短而屈曲,紫褐色,具明显皮孔。芽大如笔头,被红色细密茸毛。叶椭圆形或倒卵状长椭圆形,先端急尖或渐尖,基部渐狭沿叶柄下延至托叶痕;叶全缘,叶面深绿色,幼嫩时疏生短柔毛,背面淡绿色。花两性,单生枝顶,先叶开放或同叶开放;花冠钟形,花瓣6枚,外面紫色或紫红色,里面白色,无香气。聚合果圆柱形,成熟蓇葖果矩圆形,顶端具短喙,种子被红色假种皮。花期3~4月;果期8~9月。

[产地分布] 原产我国。全国除严寒地区外多有分布栽培。

[生态习性] 喜温暖、湿润和阳光充足环境,较耐寒,但不耐旱和盐碱。要求肥沃、排水好的沙壤土,适生于土

紫玉兰花

层深厚的微酸性或中性土壤。根肉质,畏水涝。

[繁殖栽培] 以压条、分株为主,也可播种、扦插。移栽应在萌动前或花后展叶前进行,须带土球栽植。

[常见病虫害] 病害有炭疽病、黑斑病、叶枯病、叶斑病等;虫害有大蓑蛾、红蜡蚧、吹绵蚧、红蜘蛛等。

[观赏特性] 早春开花,先叶开放,紫色花朵,亭亭玉立,花冠硕大。著名的早春观花植物。

[园林应用] 应用于公园绿地、单位庭院及风景林地绿化,可孤植、对植、丛植或群植。

承德地区中南部小气候环境应用,不宜大面积栽植。

紫玉兰

紫玉兰果实

天女木兰

学　名： *Magnolia sieboldii* K.
别　名： 小花木兰，天女花
科　属： 木兰科　木兰属

[形态特征] 落叶小乔木。树皮灰白色，小枝褐色，小枝和芽有短茸毛。单叶互生，叶宽椭圆形或倒卵状长圆形；叶面浅绿色无毛，叶背具短柔毛被白粉，叶全缘。花单生枝顶，花杯状，白色，芳香；花萼淡粉红色，花柄细长。聚合蓇葖果窄椭圆形。花期5～6月；果期9月。

[产地分布] 产自我国。分布于吉林、河北、安徽、江西、湖南、福建、广西等地。

[生态习性] 喜凉爽、湿润的环境和深厚、肥沃的土壤，畏高温、干旱和碱性土。适生于阴坡和湿润山谷。

[繁殖栽培] 以播种为主，也可扦插、分株繁殖。适宜在冷凉环境下生长，高温、高湿生长不良或死亡。

[常见病虫害] 主要有叶斑病；介壳虫等。

[观赏特性] 株形美观，叶色亮丽；花大洁白如玉，白花红芯，高雅独特，芳香浓郁；秋果红色美丽。著名的观赏树种。

[园林应用] 适宜作风景树、庭院树及行道树，可孤植、对植、丛植、群植。

　　承德中南部地区在冷凉环境下应用。

天女木兰果实

天女木兰叶片

天女木兰花

天女木兰

法 桐

学 名： *Platanus orientalis* L.
别 名： 法国梧桐，三球悬铃木
科 属： 悬铃木科 悬铃木属

法桐

[常见病虫害] 病害有煤烟病；虫害有介壳虫、大袋蛾、天牛等。

[观赏特性] 树冠广阔，雄伟端正，树皮斑驳，叶大荫浓。世界著名的优良庭荫树和行道树。

[园林应用] 可作孤赏树、庭荫树及行道树，亦可作工矿区的环境保护树种。因幼枝、幼叶、小坚果上有大量星状毛，易引发呼吸道疾病，故在运动场、幼儿园、学校等处慎用。

　　承德中南部小环境应用，越冬注意树干防寒。

法桐果实

法桐树干

法桐叶片

[形态特征] 落叶大乔木。树冠阔钟形；干皮灰绿色至灰白色，呈薄片状剥落；幼枝、幼叶密生褐色星状毛。单叶互生，叶大型，具长叶柄，掌状5～7裂，深裂达中部，裂片长大于宽，叶缘有齿牙，掌状脉。花单性同株，头状花序，黄绿色。聚合果呈球形，多以3球成一串，果柄长而下垂。花期4～5月；果期9～10月。

[生态习性] 阳性速生树种。喜光，耐湿，略耐寒，不耐庇荫。抗逆性强，对土壤要求不严。生长快，萌芽力强，耐修剪，抗污染。具有超强的吸收有害气体、抗烟尘、隔离噪音能力。

[产地分布] 原产欧洲及亚洲。现我国各地多有栽培。

[繁殖栽培] 以扦插为主，亦可播种繁殖。

山楂

学 名：*Crataegus pinnatifida* Bunge
别 名：野山楂
科 属：蔷薇科 山楂属

[形态特征] 落叶乔木。有枝刺，小枝紫褐色，老枝灰褐色。叶三角状卵形至菱状卵形，先端渐尖，基部楔形或宽楔形，通常有3～5对羽状深裂片，裂片卵形至卵状披针形，边缘有稀疏不规则的重锯齿，下面沿中脉和脉腋处有毛。伞房花序，多花，花白色，基部有柔毛。梨果近球形，成熟时深红色，有淡褐色斑。花期5～6月；果期9～10月。

[产地分布] 产自我国。东北、华北多有分布栽培。

[生态习性] 性喜光，稍耐阴，耐寒。耐干旱、贫瘠土壤，但以湿润而排水良好的沙质壤土生长最好。根系发达，萌蘖性强。

[繁殖栽培] 以播种、分株为主。种子需催芽处理。

[常见病虫害] 病害主要为花腐病、白粉病、褐斑病等；虫害主要有桃小食心虫、山楂红蜘蛛等。

[观赏特性] 树冠整齐，枝繁叶茂，白花密集，果实鲜红艳丽，是集观花、观果于一体的良好树种。

[园林应用] 常作孤植树、庭荫树和园路树，可孤植、片植和列植。

[同属常见植物]

山里红 *C. pinnatifida* var. *magor*

又称红果、大山楂。枝刺少；叶片大，分裂较浅；果实较大，直径可达2.5cm，深红色，有浅斑。良好的园林观赏树种。

山里红果实

山里红叶片

山楂花序

山里红

苹　果

学　名: *Malus pumila* Mill
科　属: 蔷薇科 苹果属

苹果花序

苹果果实

苹果

[形态特征] 落叶乔木。树干灰褐色，老皮有不规则的纵裂或片状剥落；小枝幼时密生茸毛，后变光滑，紫褐色。单叶互生，椭圆至卵圆形，缘具锯齿；叶片幼时有短柔毛。伞房花序，花瓣白色，含苞时带粉红色。梨果，扁球形，颜色及大小因品种而异。花期4～5月；果期7～10月。

[产地分布] 原产欧洲、中亚和我国新疆西部一带。现栽培分布广泛。

[生态习性] 温带果树。喜冷凉干燥气候及阳光充足环境，不耐瘠薄。喜微酸性至中性土壤，以肥沃深厚、排水良好的壤土为宜。

[繁殖栽培] 以嫁接繁殖为主。常以山荆子、海棠果作砧木。苹果自花结实力差，栽植时须配置授粉树。

[常见病虫害] 病害主要有苹果轮纹病、海棠锈病、早期落叶病、腐烂病等；虫害主要有苹果叶螨、金纹细蛾、蚜虫等。

[观赏特性] 开花时节，繁花朵朵，颇为壮观；果熟季节，果实累累，色彩鲜艳。良好的观花、观果树种。

[园林应用] 适宜作孤赏树、庭院树，可孤植、丛植、群植。常用于公园绿地、小区、庭院、别墅区绿化。

山荆子果实

山荆子叶片

山荆子

[同属常见植物]

山荆子 》 *M. baccata*

树干灰褐色，光滑，不易开裂；嫩梢绿色微带红褐色，新梢黄褐色，无毛。叶片椭圆形，先端渐尖，基部楔形，叶缘具细锐锯齿。花白色。果实小，近球形，红色。良好的观花、观果树种。

海棠果 》 *M. prunifolia*

又名楸子。小枝粗壮，幼时密生短柔毛；老枝灰紫色至灰褐色，无毛。叶片椭圆形，幼叶两面有毛。花白色或稍带红色。梨果卵形，红色，果梗细长。

海棠果实

海棠果叶片

西府海棠果实

西府海棠叶片

西府海棠花序

'红宝石'海棠

'红宝石'海棠果实

'红宝石'海棠花序

西府海棠 》 *M. micromalus*

　　小乔木，干皮灰褐色，老时基部有块状浅裂。主枝直立，小枝圆柱形，幼时红褐色，被短柔毛，老时暗褐色，无毛。叶狭椭圆形，两面有毛后脱落，薄革质。伞形总状花序，花白或粉红色。果扁球形，黄或红色。

　　承德地区中南部应用较多。

'红宝石'海棠 》 *M.* '*Jewelberry*'

　　自北美引种。干皮红棕色，主枝直立，小枝纤细深紫色。新生叶鲜红色，叶面润泽鲜亮，光滑细腻，后红变深绿。伞形总状花序，花粉红色或玫瑰红色。柔果红色，近球形，萼片脱落。

　　承德地区适宜应用，红色绿篱、色带的良好材料。

'北美'海棠

'北美'海棠果实

'北美'海棠叶片

'北美'海棠花序

'王族'海棠

◤ '北美'海棠 ▷ M. 'North American Begonia'

自北美引种。枝干灰绿色。花先叶开放,重瓣粉红色。新叶砖红色,老叶浅绿色,两面被短柔毛。梨果浅黄色,近球形,萼片宿存。

承德地区适宜应用。

◤ '王族'海棠 ▷ M. 'Royalty'

自北美引种。主枝直立,干皮深红色,小枝纤细深紫色。新生叶鲜红色,叶面润泽鲜亮,光滑细腻,老叶紫红色。伞形总状花序,花玫瑰红色。梨果红色,近球形。

承德地区适宜应用,紫红色绿篱、色带的良好材料。

杏 树

学 名: *Prunus armeniaca* L.
别 名: 家杏
科 属: 蔷薇科 李属

[形态特征] 落叶乔木, 树冠圆球形。干皮暗灰褐色, 浅纵裂; 小枝光滑, 浅红褐色, 无顶芽。单叶互生, 叶卵形至近圆形, 先端具短尖头, 基部圆形或近心形, 缘具圆钝锯齿, 羽状脉; 叶表光滑, 叶背有时脉腋间有毛。花两性单生, 无梗或近无梗; 花白色或微红。核果球形或卵形, 熟时多浅黄或黄红色, 有时带红晕, 微有毛。花期3~4月; 果期6~7月。

[产地分布] 原产我国新疆。现华北各地广泛栽培。

[生态习性] 阳性树种。喜光, 耐旱, 抗寒。对土壤要求不严, 极不耐涝。直根性, 寿命长。

[繁殖栽培] 以嫁接为主。常以实生苗或山杏作砧木繁殖。

[观赏特性] 早春开花, 先花后叶, 白或淡粉红色; 夏季观果。良好的观花、观果树种。

[园林应用] 可作观赏树、庭荫树, 在公园绿地、风景区及单位、庭院孤植、群植均可。

杏树花

杏树叶片

杏树

山杏

山杏花

山杏叶片

[同属常见植物]

山 杏 *P. armeniaca* var. *ansu*

树皮暗灰色，纵裂；小枝暗紫红色，被短柔毛或近无毛，有光泽，小枝多枝刺。单叶互生，叶较杏树小，宽卵形，先端长尖或尾尖，缘具钝浅锯齿，两面近无毛。花单生，粉白色，多2朵生于1芽。核果近球形，较杏树小，直径约2cm，密被柔毛，顶端尖，果肉薄。

可丛植、群植。多应用于山地郊野公园及风景林地，是集观花、观叶、观果于一体的山地绿化树种。

'紫叶矮'樱

学 名： *Prunus × cistena* 'Pissardii'
科 属： 蔷薇科 李属

[形态特征] 落叶小乔木。干皮深褐色，枝条幼时紫褐色，老枝有皮孔。单叶互生，叶长卵形或卵状长椭圆形，先端渐尖；叶紫红色或深紫红色，叶缘有不整齐的细钝齿。花单生，中等偏小，淡粉红色，花瓣5片，微香。花期4～5月。

[产地分布] 原产美国。为紫叶李和矮樱的杂交品种，现全国各地多有栽培。

[生态习性] 喜光，耐寒力较强，抗性强，半阴条件仍可保持紫红色。适应性强，在排水良好、肥沃的沙壤土、轻度黏土上生长良好。

[繁殖栽培] 嫁接繁殖。砧木一般采用山杏、山桃，以山杏最好。

[常见病虫害] 病害有叶斑病、叶穿孔病、流胶病等；害虫有刺蛾、蚜虫、红蜘蛛、介壳虫等。

[观赏特性] 树形紧凑，枝繁叶茂，叶片紫红色，亮丽别致。

[园林应用] 作观赏树，可孤植、丛植及群植。可盆栽或作盆景材料，也可作绿篱、色带材料。

承德北部地区越冬需防寒。

'紫叶矮'樱花

'紫叶矮'樱叶片

'紫叶矮'樱叶背面

'紫叶矮'樱

稠李

学　名： *Prunus padus* L.
别　名： 臭李子，稠梨
科　属： 蔷薇科 李属

稠李

稠李叶片

稠李花序

耐干旱瘠薄，在湿润、肥沃的沙质壤土上生长良好。萌蘖力强。

[常见病虫害] 主要有稠李红点病、流胶病；黄刺蛾、红蜘蛛等。

[繁殖栽培] 以播种繁殖为主，也可分蘖。幼苗移植应多带宿土。怕积水涝洼，栽植应注意。

[观赏特性] 花序长而下垂，花白如雪有清香，极为壮观。入秋叶色黄带微红，衬以紫黑果穗，十分美丽。良好的观花、观叶、观果树种。

[园林应用] 适宜作孤赏树、庭荫树及行道树。可孤植、丛植、群植、列植。

[同属常见植物]

'紫叶'稠李　*P. virginiana* 'Canada Red'

小枝光滑。叶初生为绿色，老叶随温度升高，逐渐变为紫红色，秋后变成红色。短枝开花。果实紫红色，光亮。

由于初生叶需要达到一定的积温叶色才能变成紫红色，故植株需在全光照环境下生长。

承德地区良好的观叶树种。

'紫叶'稠李叶片

[形态特征] 落叶乔木。树皮灰褐色或黑褐色，浅纵裂；小枝紫褐色，有棱，幼枝灰绿色，近无毛。单叶互生，叶椭圆形、倒卵形，先端突渐尖，基部宽楔形或圆形，缘具尖细锯齿；叶表绿色，叶背灰绿色仅脉腋有簇毛。两性花，腋生总状花序，下垂；花瓣白色，略有异味。核果近球形，黑或紫红色。花期4～6月；果期8～9月。

[产地分布] 原产我国。东北、西北、华北地区多有分布栽培。

[生态习性] 喜光，亦耐阴，抗寒力强。怕积水涝洼，不

'紫叶'稠李

桃 树

学 名：*Prunus persica*（L.）Batsch
别 名：桃子
科 属：蔷薇科 李属

桃树

桃树果实

[形态特征] 落叶小乔木。树皮灰褐色，老时粗裂；小枝红褐色或褐绿色，无毛。单叶互生，质地较厚，叶卵状披针形或圆状披针形，缘具细密锯齿，两边无毛，背面脉腋有毛，叶柄有腺体。花两性，单生，先叶开放，近无柄；花瓣5，粉红色。核果球形或卵形，表面密被茸毛。花期4～5月；果期6～9月。

[产地分布] 原产我国。全国各地多有分布栽培。

[生态习性] 喜光，耐旱，不耐水湿，喜温暖，稍耐寒。喜肥沃、排水良好的土壤，碱性土、黏重土均不适宜。根系较浅，须根发达，寿命较短。

[繁殖栽培] 一般用嫁接繁殖。砧木多用山桃。

[常见病虫害] 病害主要有桃缩叶病、炭疽病、流胶病；虫害有桑白蚧、叶蝉、桃蛀螟、梨小食心虫、桃蚜等。

[观赏特性] 花朵繁密，烂漫芳菲，妩媚可爱，娇艳动人。良好的观花、观果树种。

[园林应用] 适宜作观赏树。可孤植、丛植或片植于水畔、石旁、庭院、草地边缘。园林应用中习惯以桃、柳间植于水滨，形成"桃红柳绿"景色。

山桃树干

山桃花

山桃果实

[同属常见植物]

山 桃 〉 *P. davidiana*

　　树皮暗紫色，有光泽，常具横向环纹，老时纸质剥落；小枝纤细无毛，多直立。花单瓣，先叶开放，淡粉红色或白色。核果圆球形，淡黄色，径约3cm。

　　承德地区常见的观花、观干树种。

山桃

'绿叶'碧桃叶片

'绿叶'碧桃

'紫叶'碧桃叶片

'紫叶'碧桃

'红花'碧桃

碧 桃 》 *P. persica. f. rubro-plena*

枝灰褐色或绿色，表面光滑。冬芽上具白色柔毛，三芽并生，中间多为叶芽，两侧为花芽。叶绿色或红色。花单生或两朵生于叶腋；花梗极短，重瓣或单瓣；花色丰富，先花后叶。常见品种有'白花'碧桃、'红花'碧桃、'红叶'碧桃、'绿叶'碧桃。株形较矮，常用于观赏。

承德地区中南部应用较多。

李 树 >

学 名: *Prunus salicina* Lindl.
别 名: 山李子,李子
科 属: 蔷薇科 李属

李树花序

李树叶片

李树

[形态特征] 落叶乔木。干皮灰黑色,小枝红褐色,无毛。叶多呈倒卵状椭圆形,叶端突渐尖,缘具细密浅钝重锯齿,叶背面脉腋间有簇毛,叶柄近顶端有2～3腺体。花白色,常3朵簇生。核果卵球形,黄绿至紫色,被白粉,无毛,先端常尖,基部凹陷。花期3～4月;果期7～8月。

[产地分布] 原产我国。东北、华北、华东、华中多有分布栽培。

[生态习性] 喜光,耐半阴,耐寒,不耐干旱瘠薄,不耐水湿。喜肥沃、湿润壤土,在酸性土及钙质土中均能生长。浅根性。

[繁殖栽培] 多用嫁接繁殖,也可分株、播种。用山桃、山杏、李子实生苗作砧木嫁接繁育。

[常见病虫害] 主要有李子红点病、细菌性穿孔病;李子食心虫、蚜虫、红蜘蛛等。

[观赏特性] 花色雪白,丰盛繁茂,果实颜色艳丽,观赏效果佳。

[园林应用] 适宜作观赏树。可孤植、丛植及群植于公园绿地、山坡、水畔、庭院等处。

红叶李

红叶李叶片

[同属常见植物]

红叶李 》 *P. cerasifera*

又名太阳李。干皮紫灰色，小枝淡红褐色，均光滑无毛。单叶互生，叶卵圆形或长圆状披针形，先端短尖，基部楔形，缘具尖细锯齿，两面无毛或背面脉腋有毛，叶色两面红或紫红。花单生或两朵簇生，白色。核果扁球形，果熟黄、红或紫色，光亮或微被白粉。花叶同放，花期4月，果常早落。良好的观叶植物。可孤植、群植或列植，亦可作色带绿篱应用。

承德中南部地区可以应用，北部地区宜小环境应用。常见还有东北地区主产的密枝红叶李，在承德地区春季有抽梢现象，秋季肥水应控制。其用途与红叶李相同。

紫叶李 》 *P. cerasifera f. atroturpurea*

干皮灰褐色，小枝淡红褐色，均光滑无毛。单叶互生，质地较厚，叶表暗绿色，叶背紫红色。花淡粉红色。孤植、群植均可，适合布置于庭院、绿地及风景区，亦可作色带绿篱应用。

承德地区宜在小环境下应用。

紫叶李果实

紫叶李叶片

紫叶李

山樱

学　名: *Prunus serrulata* Lindl.
别　名: 山樱花
科　属: 蔷薇科 李属

[形态特征] 落叶乔木。树皮暗栗褐色，光滑；小枝无毛或有短柔毛，红褐色。单叶互生，卵形或卵状椭圆形，先端常尾尖，缘具芒齿；叶表浓绿有光泽，叶背色稍淡，两面无毛，叶柄无毛或具软毛。花两性，与叶同放，白色或粉红色，常3～5朵排成伞房状或总状花序，腋生。核果球形，先红后变紫褐色。花期4～5月；果期6～7月。

[产地分布] 原产我国东北；朝鲜及日本。现全国各地多有栽培。

[生态习性] 喜光，稍耐阴，耐寒性强。喜湿润气候及排水良好的肥沃土壤，不耐盐碱。根系较浅，忌积水低洼地。

[繁殖栽培] 播种、扦插繁殖。

[常见病虫害] 主要病害有流胶病、根瘤病；虫害有蚜虫、红蜘蛛、介壳虫等。

[观赏特性] 树姿优美，花繁叶茂，早春重要的观花树种。

[园林应用] 适宜作孤赏树、庭荫树及行道树等。可大片栽植形成"花海"景观，或三五成丛点缀绿地，亦可作盆景材料。

山樱

山樱叶片

山樱树干

日本樱花花序

日本早樱花序

日本樱花

日本早樱

[同属常见植物]

日本樱花 》 *P. yedoensis*

干皮暗灰色。叶椭圆形，先端渐尖或尾尖，缘具芒状细尖重锯齿，齿端具腺。花多重瓣，白、粉或玫瑰红色。核果球形，熟时紫黑色。花期4月。

承德中南部小环境应用。

日本早樱 》 *P. subhirtella*

树皮横纹状，具棕红色皮孔；小枝被密毛，先绿后紫褐色，光滑无毛。单叶互生，叶片卵圆形，缘具不规则尖锐重锯齿；叶表无毛，背面脉上有疏毛。伞形花序，单瓣粉红色。核果小，卵状球形。

适于承德中南部应用。

杜梨

学 名： *Pyrus betulifolia* Bunge
别 名： 棠梨，梨丁子
科 属： 蔷薇科 梨属

[形态特征] 落叶乔木。树冠圆球形；树皮灰黑色，呈小方块状开裂；小枝常具枝刺，紫褐色，幼时密被灰白色茸毛。单叶互生，多菱状卵形，先端渐尖，基部宽楔形，缘具有粗锐尖锯齿；幼叶叶背及叶柄密被灰白色柔毛，老叶叶背有毛。伞形总状花序，花白色。梨果近球形，锈褐色，具果点。花期4月；果期8～9月。

[产地分布] 原产我国。东北、华北、西北、华中、华东等地区多有分布栽培。

[生态习性] 喜光，稍耐阴，耐寒，极耐干旱瘠薄，不怕盐碱和水涝。对土壤适应性强，以土层深厚、土质疏松的沙质壤土为宜。深根性，生长慢。

[繁殖栽培] 播种或分蘖繁殖。种子需低温沙藏处理。

[常见病虫害] 病害有梨树腐烂病、梨黑星病、黑斑病等；虫害有梨小食心虫、梨大食心虫、梨星毛虫、梨二叉蚜等。

[观赏特性] 树冠开张，叶片美丽。春天白花满树，秋季果实累累。良好的早春观花树种。

[园林应用] 应用于公园绿地、风景区、小区庭院绿化。适宜作风景树、庭院树，可孤植、丛植、群植。

杜梨

杜梨果实

杜梨叶片、刺状枝

秋子梨

秋子梨果实

秋子梨花序

[同属常见植物]

秋子梨　*P. ussuriensis*

又称山梨、酸梨、花盖梨。落叶乔木，树冠宽广。树皮灰褐色，小枝粗壮，老时灰褐色。叶卵形至宽卵形，变化较大，基部圆形或近心形，缘具带芒刺状尖锐锯齿，两面无毛光滑。伞形总状花序密集，花瓣白色。梨果近球形，黄色或黄绿色，萼片宿存。花期4～5月；果期8～9月。

承德地区应用广泛的观花、观果树种。

秋子梨叶片

花 楸

学 名：*Sorbus pohuashanensis*（Hance）Hedl.
别 名：花楸树，山槐子
科 属：蔷薇科 花楸属

花楸

花楸果实

花楸叶片

[形态特征] 落叶乔木。干皮紫灰褐色，光滑；小枝粗，灰褐色，圆柱形，幼时被茸毛。奇数羽状复叶，叶卵状披针形或椭圆状披针形，先端尖，通常叶缘中部以上有细锐锯齿，背面灰绿色生有密茸毛。复伞房花序具多数密集花朵，花白色。梨果近球形，红色或橘红色。花期5～6月；果期9～10月。

[产地分布] 产自我国。东北、华北、西北地区多有分布栽培。

[生态习性] 喜光稍耐阴，耐寒力强，耐干旱瘠薄土壤。喜湿润的酸性或微酸性土壤，以肥沃的沙质壤土为宜。

[繁殖栽培] 播种繁殖。种子需催芽处理。

[常见病虫害] 常见白粉病、溃疡病；蚜虫等。

[观赏特性] 花叶美丽，入秋红果累累。优良的春观叶、夏观花、秋观果的园林树种。

[园林应用] 可作风景树、庭荫树及行道树。优美的庭园风景树种。

合 欢

学 名： *Albizzia julibrissin* Durazz.
别 名： 夜合花，绒花树
科 属： 豆科 合欢属

[形态特征] 落叶乔木。树冠开展呈伞形；树皮灰棕色，平滑。二回偶数羽状复叶，小叶镰刀状长圆形，夜合昼展，叶缘及背面中脉有柔毛或近无毛。头状花序伞房状排列，多数，腋生或顶生；花丝淡红色，细长而弯曲。荚果条形，扁平，边缘波状。花期6～7月；果期9～11月。

[产地分布] 原产我国，主产于黄河流域及以南地区。现各地广泛分布栽培。

[生态习性] 喜温暖、湿润和阳光充足环境，耐寒性弱，不耐水湿，对气候和土壤适应性强，宜在排水良好、肥沃土壤上生长。

[繁殖栽培] 播种繁殖。育苗期及时修剪侧枝，保证主干通直。

[常见病虫害] 病害主要为溃疡病等；虫害为天牛、木虱等。

[观赏特性] 树冠开阔，树姿优美，叶形雅致清秀。盛夏绿荫清幽，色香俱全；夏日粉红色绒花满树，十分美丽。

[园林应用] 可作行道树、庭荫树、风景树和"四旁"绿化树种。适于各种园林绿化布置。

　　在承德中南部地区，选择背风向阳的小环境下应用。

合欢

合欢果实

合欢花序

合欢叶片

紫 荆

学　名：*Cercis chinensis* Bunge
别　名：满条红，乌桑
科　属：豆科　紫荆属

紫荆

[形态特征] 落叶小乔木。树皮暗灰色，幼时光滑，老时微纵裂；小枝灰黄色，密生细点状皮孔。冬芽常簇生，单叶互生，近圆形，先端渐尖，基部多心形；叶表光绿，背面色淡，全缘，两面无毛。花两性，总状花序簇生，先叶开放，紫红色或白色。荚果扁直，短条形，具狭翅。花期4月；果期9月。

[产地分布] 产自我国。华北、东北、西北、华中、华南及西南各地多有分布栽培。

[生态习性] 喜光，耐半阴，较抗寒，抗旱，忌水湿。对土壤要求不严，在深厚、肥沃的沙壤土上生长最好。萌芽力强。

[繁殖栽培] 播种、扦插、压条繁殖，以播种繁殖为主。移植须带土球。

[常见病虫害] 病害有枯萎病、叶枯病等；虫害有大蓑蛾、褐边绿刺蛾等。

[观赏特性] 株形优美，叶色光绿。先花后叶，满树嫣红或雪白，花如耳坠，美丽动人，荚果独特。著名观花、观果植物。

[园林应用] 适宜作观赏树。可孤植、丛植及群植于庭院、草坪、甬道及角隅等处。
　　承德地区中南部背风向阳的小环境应用。

紫荆果实

紫荆花

皂 荚

学　名： *Gleditsia sinensis* Lam.
别　名： 皂角，大皂角
科　属： 豆科 皂荚属

[**形态特征**] 落叶乔木。树冠扁圆形；树干灰黑色，浅纵裂；干及枝条常具刺，刺圆锥状多分枝，粗而硬直；小枝灰绿色，皮孔显著。冬芽常叠生。一回偶数羽状复叶，小叶互生，长卵形，背面中脉两侧及叶柄被白色短柔毛。杂性花，总状花序腋生，花黄白色。荚果平直肥厚，不扭曲，熟时黑色，被霜粉。花期5~6月；果期9~10月。

[**产地分布**] 原产我国。现全国各地多有分布栽培。

[**生态习性**] 性喜光，稍耐阴，耐干旱，忌水涝。喜温暖、湿润气候及深厚、肥沃土壤，对土壤要求不严，稍耐盐碱。深根性，慢生树种。

[**繁殖栽培**] 播种繁殖。种子需沙藏处理。

[**常见病虫害**] 主要有干腐病；皂角豆象、食心虫、皂角瘿木虱等。

[**观赏特性**] 冠大荫浓，寿命长，荚果平直肥厚，长刀形，观赏价值高。

[**园林应用**] 适宜作风景树、庭荫树及行道树。可孤植、列植和片植。具有顶端优势强的特性，应用时加以注意。

承德地区优美的遮阴树种。

皂荚果实

皂荚叶片

皂荚针刺

皂荚

朝鲜槐

学　名： *Maackia amurensis* Rupr. et Maxim.
别　名： 怀槐，高丽槐
科　属： 豆科 马鞍树属

[形态特征] 落叶乔木。干皮黑褐色，浅纵剥裂；小枝绿褐或灰绿色，平滑无毛，有黄褐色密而圆的皮孔。奇数羽状复叶，小叶对生或近对生，卵形或倒卵状矩圆形，薄革质，全缘，幼叶下面密被长柔毛。复总状花序，花冠蝶形，白色密集。荚果扁平，暗褐色，长椭圆形至条形。花期6～7月；果期10月。

[产地分布] 产自我国。东北、华北、西北多有分布栽培。

[生态习性] 喜光，稍耐阴，抗寒，耐旱，适应性强，喜深厚、肥沃、湿润的土壤。萌芽性强，生长较慢，寿命长。

[繁殖栽培] 播种、分根繁殖。

[常见病虫害] 病害主要有叶霉病；虫害主要有叶蝉、槐坚蚧、槐蚜等。

[观赏特性] 树冠整齐，叶片革质鲜绿，花繁叶茂。良好的观花、观果树种。

[园林应用] 适作孤植树、庭荫树、行道树，可栽植于池边、溪畔、山坡作为风景树种。

朝鲜槐叶片

朝鲜槐树干

朝鲜槐

刺 槐

学 名： *Robinia pseudoacacia* L.
别 名： 洋槐
科 属： 豆科 刺槐属

刺槐叶片

刺槐花序

刺槐

[形态特征] 落叶乔木。树冠椭圆状倒卵形；树皮灰褐色，深纵裂；枝条具略扁状托叶刺，小枝灰褐色，无毛或幼时具微柔毛。奇数羽状复叶，互生；小叶卵形或卵状长圆形，全缘，叶面绿色。总状花序腋生下垂，蝶形花，花冠白色，芳香。荚果扁平，长圆形，褐色。花期5～6月；果期9～10月。

[产地分布] 原产北美。19世纪末引入我国，现全国各地多有栽培。

[生态习性] 喜光，不耐阴，较耐寒。耐旱，忌水涝。喜温暖、湿润气候，对土壤要求不严，适应性强。喜土层深厚、肥沃、疏松、湿润的沙壤土。浅根性，侧根发达，生长快，重要的速生树种。

[繁殖栽培] 以播种为主，也可分蘖、根插繁殖。植株分蘖能力强，栽培时加以注意。

[常见病虫害] 病害主要有紫纹羽病；虫害主要有小皱蝽、叶蝉、天牛、介壳虫、槐蚜、刺槐尺蠖等。

[观赏特性] 树冠高大，叶色鲜绿，花繁叶茂。每当开花季节，绿白相映，花香四溢，秋季叶片金黄。

[园林应用] 可作行道树、庭荫树及孤赏树，也是工矿区及荒山荒地绿化的先锋树种，尤其在立地条件差、环境污染重的地区是重要的绿化树种。贫瘠、干旱的土壤中生长存在枯梢现象，应用时加以注意。

红花刺槐花序

刺槐

[同属常见植物]

红花刺槐 》 *R. pseudoacacia* var. *decaisneana*

是刺槐的变种。枝上多无刺和具小刺，花粉红或
紫红。

'金叶'刺槐 》 *R. pseudoacacia* 'Jinye'

叶片卵形或卵状长圆形，春季叶为金黄色，夏季变
为黄绿色，秋季为橙黄色。
承德地区南部小环境应用。

江南槐 》 *R. hispida*

落叶灌木。枝条、花梗均密被棕褐色刺毛，花粉
红或紫红色，荚果具腺状刺毛。常以刺槐作砧木嫁接
繁殖。

江南槐花序

‘香花’槐 *R. pseudoacacia* ‘Idaho’

花较红花刺槐大，粉红色，密生成总状花序，具二次开花特性，分5月和7月开花，无性花。根插或分株繁殖。

承德地区有春季抽梢现象，宜在背风处应用。极好的观花树种，应用较多。

‘香花’槐花序

‘香花’槐

‘香花’槐树干

国槐

学　名： *Sophora japonica* L.
别　名： 槐树，家槐
科　属： 豆科 槐属

[形态特征] 落叶乔木。树冠圆形；干皮暗灰色，小枝绿色，皮孔明显。奇数羽状复叶，小叶卵状长圆形，顶端渐尖，全缘，基部阔楔形，叶背灰白色，疏生短柔毛。圆锥花序顶生，花蝶形，黄白色。荚果肉质，串珠状，种子肾形。花期7～8月；果期10月。

[产地分布] 原产我国。全国各地多有分布栽培。

[生态习性] 性耐寒，耐旱，喜阳光，稍耐阴。忌水涝，在低洼积水处生长不良。耐瘠薄，对土壤要求不严，在湿润、深厚、排水良好的沙质土壤上生长最佳。 耐烟尘，适应性强。生长速度中等，寿命长，根系发达，为深根性树种。

[繁殖栽培] 以播种繁殖为主。因其萌芽力较强，为培养干形良好的大苗，当年生幼苗可在第二年早春截干。

[常见病虫害] 主要有腐烂病；槐尺蠖、蚜虫等。

[观赏特性] 树体高大，树干通直，树冠宽广，枝叶繁茂；黄白色花密集，花期长；果念珠状，奇特。

[园林应用] 北方城市主要的园林绿化树种。常用于庭荫树和行道树，园林配置可孤植、列植与片植。

承德市市树。应用广泛的乡土树种。

承德北部地区新植苗木冬季应预防日灼发生。

国槐果实

国槐

龙爪槐

金枝垂槐枝叶

[同属常见植物]

龙爪槐 》 *S. japonica* var. *pendula*

　　以国槐做砧木嫁接繁殖。树冠呈伞状，主侧枝差异不明显，小枝弯曲下垂，叶片深绿或黄绿色，冬季枝条绿色或金黄色。适宜作风景树，可孤植、对植、列植。

蝴蝶槐 》 *S. japonica* f. *oligophylla*

　　以国槐做砧木嫁接繁植。小叶3～5簇生，顶生叶常3裂，侧生小叶下部常有大裂片，叶背有短茸毛。因叶片似展开双翅的蝴蝶，故名蝴蝶槐。多做孤植树、庭荫树和行道树。

蝴蝶槐叶片

金枝垂槐冬态

蝴蝶槐

'金枝'国槐

金叶国槐

'金枝'国槐 》 *S. japonica* 'Jinzhi'

以国槐作砧木嫁接繁殖。当年生枝条生长季为淡黄绿色，落叶后渐变黄色，冬春两季枝条亮黄色，叶片黄绿色。较国槐生长势弱。适用孤植、丛植、群植等景观配置，极好的冬春观枝干树种。

金叶国槐 》 *S. japonica* f.

以国槐作砧木嫁接繁殖。小枝浅绿色，枝条在生长到50～80cm时出现较强的下垂性，落叶后枝条阳面为黄色，阴面为绿色。叶片金黄色，生长期光照不足叶色易变淡，应在光照充足的环境下应用。适用于孤植、丛植、群植、列植，良好的观叶树种。

'金枝'国槐冬态

金叶国槐新叶

黄波罗

学　名：*Phellodendron amurense* Rupr.
别　名：黄檗，黄柏
科　属：芸香科　黄檗属

黄波罗叶片

黄波罗

黄波罗树干

[形态特征] 落叶乔木。树冠广阔；大枝斜展，树皮浅灰褐色，有纵向网状沟裂，皮厚，木栓层柔软发达，内皮鲜黄色；小枝橙黄色或淡黄灰色，光滑无毛。奇数羽状复叶对生；小叶卵状披针形或卵状椭圆形，先端长渐尖；叶两面无毛，叶背中脉基部有毛，密生半透明油点，缘具不明显细钝锯齿。花小单性，雌雄异株，聚伞状圆锥花序顶生，花瓣黄绿色。浆果状核果，球形，成熟后紫黑色，有特殊气味。花期6月；果期9月。

[产地分布] 原产我国。分布于东北、华北等地。

[生态习性] 喜光，稍耐阴，耐寒，耐轻度盐碱，不耐干旱瘠薄的土壤及水湿地。喜冷凉、湿润气候及深厚肥沃的沙质壤土。

[繁殖栽培] 种子繁殖为主，也可分株繁殖。定植后，注意修枝和去除萌蘖。

[常见病虫害] 主要病害有煤污病、叶锈病；虫害有蚜虫、金针虫、黄波罗凤蝶等。

[观赏特性] 树干通直，树冠宽阔，枝叶平展宽大，秋叶鲜黄，花色黄绿，浆果紫黑。

[园林应用] 宜作孤赏树、庭荫树。可孤植、丛植、列植于草坪、坡地、园路。

臭椿

学　名： *Ailanthus altissima* Swingle
别　名： 椿树
科　属： 苦木科 臭椿属

[形态特征] 落叶乔木。树冠阔卵形，树干通直；树皮平滑，灰黑色，有纵裂纹；嫩枝赤褐色，被疏柔毛，后脱落。单奇数羽状复叶，互生，具柄，小叶卵状披针形，全缘。圆锥花序顶生，花杂性，淡绿色。翅果扁平，长椭圆形，初黄绿色，成熟后淡黄褐色或淡红褐色。花期5～6月；果期9～10月。

[产地分布] 原产我国。现南自广东，北到辽宁南部多有分布栽培。

[生态习性] 喜光，耐寒，抗逆性强。对土壤要求不严，耐干旱瘠薄，忌水涝，在中性、微酸性的沙壤土、轻壤土以及含钙质较多的黏土地均宜生长。抗烟尘、有害气体的能力强。

[繁殖栽培] 播种、分蘖繁殖。为培养良好的干形，常采用抹芽、修枝等抚育措施，保证树干通直。

[常见病虫害] 主要有白粉病；臭椿皮蛾、椿象、臭椿沟眶象等。

[观赏特性] 树干通直高大，树冠半球状，叶大荫浓，秋季红色果实满树。良好的观赏树和庭荫树。

[园林应用] 常用于孤赏树、庭荫树及行道树。可孤植、丛植和列植。

臭椿

臭椿花序

臭椿果实

'千头'椿

[同属常见植物]

红叶臭椿 》 *A. altissima* var.

叶卵状披针形，春季叶片紫红色，夏季转深绿色，但叶柄依然呈现淡红色泽，秋季叶片变为红色，季相变化明显。

承德中南部应用较多，春季有抽梢现象。

'千头'椿 》 *A. altissima* 'Qiantou'

树冠圆头形，无明显中央主枝，分枝较密，开张角度小。越冬能力较差。

承德中南部适宜小环境应用。

红叶臭椿

黄栌

学　名： *Cotinus coggygria* Scop.
别　名： 红叶树，烟树
科　属： 漆树科　黄栌属

[形态特征] 落叶小乔木。树冠圆形；树皮暗灰褐色，小枝紫褐色，被蜡粉。单叶互生，倒卵形或卵形，先端圆或微凹，基部圆或阔楔形，全缘，深秋叶变红色。大型圆锥花序顶生，花杂性，果穗有多数不孕花；花梗细长宿存，呈粉红色羽毛状。核果肾形，熟时红色。花期4～5月；果期6～7月。

[产地分布] 原产我国。华北、西南地区多有分布栽培。

[生态习性] 喜光，稍耐阴，耐寒，耐干旱瘠薄，但不耐水湿。以深厚、肥沃及排水良好的沙壤土生长最好。生长快，根系发达，萌蘖性强。对二氧化硫有较强抗性，对氯化物抗性较差。

[繁殖栽培] 以播种为主，压条、分株也可。种子需沙藏越冬，翌春催芽播种。

[常见病虫害] 主要有立枯病、白粉病、霜霉病；蚜虫等。

[观赏特性] 树冠浑圆，树姿优美。深秋叶片经霜冻变红，色彩鲜艳，美丽壮观；其果形别致，成熟果实颜色鲜红，艳丽夺目；粉红色羽毛状不育花花梗远望宛如万缕罗纱缭绕树冠，故称为"烟树"。

[园林应用] 适宜作风景树和庭荫树，可孤植、丛植及群植。

承德地区常见的观花、观叶树种。

黄栌

黄栌花、叶

黄栌秋态

火炬树

学 名: *Rhus typhina* L.
别 名: 鹿角漆，火炬漆
科 属: 漆树科 漆树属

[形态特征] 落叶小乔木。树皮灰褐色，不规则浅纵裂，分枝少；小枝粗壮密被黄红褐色长茸毛；老枝被灰白茸毛。奇数羽状复叶，互生；小叶长圆形至披针形，先端长，渐尖，基部圆形或广楔形，缘具整齐锯齿；叶表绿色，背面苍白色，均被密柔毛。雌雄异株，顶生直立圆锥花序，雌花序及果穗鲜红色，形同火炬。小核果扁球形，被红色短刺毛。花期5～7月；果期9～11月。

[产地分布] 原产北美。我国引入，华北、西北各地多有栽培。

[生态习性] 阳性树。性强健，耐寒，耐旱，耐盐碱。根系浅但水平根发达，根蘖性强。适应性极强，可在石砾、山坡、荒地上生长。生长速度快。

[繁殖栽培] 播种、分蘖和扦插繁殖。火炬树成熟期早，一般4年可开花结实，可持续30年。生长速度极快，1年可成林。

[常见病虫害] 主要有白粉病；黄褐天幕毛虫、舟形毛虫等。

[观赏特性] 果穗艳丽，形似火炬，伫立于梢头。秋叶变红，十分鲜艳，极富观赏价值。

[园林应用] 宜片植于山坡、河滨、路旁。因其根系较浅，水平根发达，蘖根萌发力量甚强，是很好的护坡、固堤及封滩固沙树种。典型的"霸王"树种，应用时加以注意。

承德地区应用广泛的绿化树种。

火炬树叶片

火炬树秋叶

火炬树果实

五角枫

学　名：*Acer mono* Maxim.
别　名：色木
科　属：槭树科 槭树属

[形态特征] 落叶乔木。树冠圆球形；树干直立，树皮土黄色，纵裂条纹；侧枝开张，小枝对生，淡褐色。冬芽紫褐色。单叶对生，基部心形，掌状5裂，裂深达叶片中部，顶部渐尖，全缘；表面绿色，无毛，背面淡绿色，秋叶变亮黄色。花杂性，同株，黄绿色，顶生伞房花序。翅果扁平，两翅开展成钝角或近水平，翅长为小坚果的1～2倍。花期4月；果期9～10月。

[产地分布] 产自我国。东北、华北及长江流域多有分布栽培。

[生态习性] 温带树种。弱阳性，稍耐阴，喜温凉湿润气候。对土壤要求不严。生长速度中等，深根性，抗风力强。

[繁殖栽培] 以播种繁殖为主。五角枫干性差，初期生长缓慢，为使苗木具有良好的干形和冠形，应从幼苗开始进行修剪。移植在秋季落叶后至春季萌动前进行。大苗移植需带土球。

[常见病虫害] 病害有猝倒病、褐斑病等；虫害有褐袖刺蛾、蚜虫和光肩星天牛等。

[观赏特性] 树形优美，枝叶浓密，秋叶亮黄，果形奇特。优良的观叶、观果树种。

[园林应用] 适宜作庭荫树、行道树及风景树。可孤植、丛植、列植，多在郊野公园及风景名胜区群植。
　　承德地区广泛应用的园林树种。

五角枫

五角枫叶片

五角枫秋叶

五角枫花序

元宝枫

元宝枫叶片

[同属常见植物]

元宝枫 *A. truncatum*

干皮灰黄色，浅纵裂；小枝浅土黄色，当年生枝嫩绿色，光滑无毛。翅果扁平，两翅开展约成直角，翅较宽，长约等于或略长于果核。

茶条槭 *A. ginnala*

单叶对生，椭圆形，通常3～5裂，中裂片特大而长；叶柄细长，叶面无毛，有光泽，叶背沿脉及脉腋有柔毛。翅果深褐色，小坚果扁平，长圆形，两翅直立，展开成锐角或两翅近平行，常重叠。

茶条槭

茶条槭果实

复叶槭叶片

复叶槭果实

加拿大红枫

复叶槭

复叶槭 》 *A. negundo*

小枝绿色，略带紫红，无毛，被薄蜡粉。奇数羽状复叶对生，小叶长卵形，叶背被白粉，叶缘有不规则锯齿。雌花黄绿色，雄花棕红色。果翅狭长，张开成锐角。

加拿大红枫 》 *A. rubrum*

新生叶片呈紫红色，渐变成深绿色。秋叶由深绿色渐变为红色。良好的观叶树种。

承德地区小环境防寒越冬。

栾 树

学 名：*Koelreuteria paniculata* Laxm.
别 名：大夫树，摇钱树
科 属：无患子科 栾树属

[形态特征] 落叶乔木。树冠近圆球形；树皮灰褐色，细纵裂；小枝稍有棱，无顶芽，有明显突起的皮孔。奇数羽状复叶，小叶卵形或椭圆形，叶缘具粗锯齿或裂片；叶片表面深绿色，叶背沿脉有毛。顶生大型圆锥花序，花小，金黄色，花丝被长茸毛。蒴果，果皮薄膜质膨大，三角状卵形，状似灯笼，成熟时橘红色或红褐色。种子圆球形，黑色有光泽。花期6～7月；果期9～10月。

[产地分布] 我国北方主产。

[生态习性] 喜光，耐半阴，耐寒，耐干旱、瘠薄，稍耐盐碱。以深厚、肥沃、疏松土壤最为适宜。深根性，萌蘖力强。具有较强的抗烟尘能力。

[繁殖栽培] 播种、分蘖、根插等方法繁殖，以播种为主。幼树生长缓慢，前两次移植应适当密植，利于培养通直的主干，后期应适当定植，培养完好的树冠。

[常见病虫害] 主要有栾树流胶病；蚜虫、蠹蛾等。

[观赏特性] 树形端正，冠伞形。枝叶繁茂秀丽，春季嫩叶红色，夏季花序满树金黄，蒴果似盏盏灯笼，果皮红色，绚丽悦目。集观叶、观花、观果于一体的优良园林绿化树种。

[园林应用] 适宜作孤植树、庭荫树、行道树，可孤植、片植、列植。是工业污染区良好的绿化树种。

承德地区应用广泛的园林绿化树种。

栾树

栾树花序

栾树果实

文冠果

学　名：*Xanthoceras sorbifolia* Bunge
别　名：文冠木，文官果
科　属：无患子科 文冠果属

文冠果

文冠果花序

文冠果叶片

文冠果果实

[形态特征] 落叶小乔木。树冠圆球形；树皮灰褐色，粗糙条裂；小枝紫褐色，有毛，后脱落。奇数羽状复叶，互生；小叶披针形或长椭圆形，先端渐尖，基部楔形，缘具锯齿；叶面无毛，背面疏生星状柔毛。花杂性，同株，顶生直立总状花序；花瓣白色，内侧基部有紫红色或黄色斑纹。蒴果椭球形，种子球形，黑褐色。花期4～5月；果期8～9月。

[产地分布] 我国特产。现东北、华北及西北多有分布栽培。

[生态习性] 喜光，亦耐半阴，耐严寒和干旱，不耐涝。对土壤要求不严，在荒坡、石砾地、黏土及轻盐碱土上均能生长。深根性，主根发达，萌蘖力强。

[繁殖栽培] 播种繁殖为主，也可分株、压条和根插。根系愈伤能力较差，损伤后易烂根，影响成活，移栽时须注意。雨季注意排水，防止烂根。

[常见病虫害] 病害主要有黄化病、煤污病；虫害有根螨木虱、锈壁虱、刺蛾、黑绒金龟子等。

[观赏特性] 花序大而花朵密，春天白花满树，花期可持续20多天。良好的观花、观果树种。

[园林应用] 常作风景树及庭荫树。可孤植、丛植及群植，也适于山地、风景区大面积绿化。
　　在承德避暑山庄内有大面积应用。

丝棉木

学　名：*Euonymus bungeanus* Maxim.
别　名：桃叶卫矛，明开夜合
科　属：卫矛科 卫矛属

[形态特征] 落叶乔木。树冠圆形或卵形；树皮灰褐色，老时浅纵裂；小枝绿色，近四棱形。单叶对生，宽卵形或卵状椭圆形，先端长渐尖，缘具细锯齿。聚伞花序腋生，花两性，淡黄绿色。蒴果4裂，粉红色，假种皮橘红色，宿存。花期5～6月；果期9～10月。

[生态习性] 阳性树种。稍耐阴，耐寒，耐干旱，耐瘠薄，对土壤要求不严，对气候适应性强。根系发达，抗风，生长缓慢。对二氧化硫等有害气体抗性和吸收能力强。

[产地分布] 原产我国。东北、华北、西北、华东、华中多有分布栽培。

[繁殖栽培] 播种、分株、扦插繁殖。种子繁殖需催芽处理。

[常见病虫害] 病害有煤污病、早期落叶病等；虫害有天幕毛虫、卫矛尺蠖、蚜虫等。

[观赏特性] 枝叶娟秀细致，姿态幽雅。秋季叶色变红，果实缀满枝梢，开裂后露出橘红色假种皮，甚为美观。以秋冬季观叶、观果为主。

[园林应用] 适宜作风景树、庭荫树及行道树。
　　承德地区多作点缀树种应用。

丝棉木叶片

丝棉木幼枝

丝棉木果实

丝棉木

枣 树

学 名：*Zizyphus jujuba* Mill.
别 名：大枣，红枣树
科 属：鼠李科 枣属

枣树

[形态特征] 落叶乔木。树冠卵形；树皮灰褐色，条裂；枝有长枝、短枝与脱落性小枝之分：长枝红褐色，呈"之"字形弯曲，光滑，有托叶刺或不明显；短枝在2年生以上的长枝上互生；脱落性小枝较纤细，无芽，簇生于短枝上，秋后与叶俱落。叶卵形至卵状长椭圆形，先端钝尖，边缘有细钝齿，叶面有光泽，两面无毛。聚伞花序腋生，花小，黄绿色。核果卵形至长圆形，熟时多红色。花期5～6月；果期8～9月。

[产地分布] 原产我国。自东北南部至华南、西南、西北多有分布栽培。

[生态习性] 强阳性，耐干旱、瘠薄，对气候、土壤适应性强。喜冷凉气候及中性或微酸性的沙壤土，对盐碱土及低湿地有一定的忍耐力。根系发达，深而广，萌蘖性强，抗风沙。

[繁殖栽培] 主要采用分蘖或嫁接繁殖，根插也可。嫁接砧木可用酸枣或枣树实生苗。

[常见病虫害] 病害有枣疯病、锈病、炭疽病等；虫害有枣尺蠖、黏虫等。

[观赏特性] 红褐色长枝呈之字形弯曲，小叶革质光亮，花多黄绿色，果熟红亮。著名的观果树种。

[园林应用] 适宜做观赏树，用于庭院及公园绿地，可片植、丛植、群植，亦可盆栽。

枣树果实

枣树叶片

[同属常见植物]

'龙'枣 〉 *Z. jujuba* 'Tortuosa'

树冠矮小，生长缓慢，枝条扭曲如龙爪，果小质差。多以酸枣为砧木嫁接。常植于庭院观赏枝干。

酸 枣 〉 *Z. jujuba* var. *spinosa*

小乔木，多成灌木状。托叶刺明显，一长一短，长者直伸，短者向后钩曲。叶小，核果小，近球形。以观果为主。

'龙'枣

酸枣

酸枣针刺

酸枣果实

糠椴

学 名: *Tilia mandshurica* Rupr. et Maxim.
别 名: 大叶椴，辽椴
科 属: 椴树科 椴树属

糠椴

于深厚、肥沃、湿润的土壤。不耐干旱、瘠薄。不耐盐碱、烟尘及有毒气体。萌蘖强，主根发达，生长快。

[**繁殖栽培**] 多用播种繁殖。种子有隔年发芽的特性，须沙藏一年。幼苗须遮阴。

[**常见病虫害**] 老树易生腐朽病；虫害有吉丁虫及鳞翅目昆虫的幼虫危害。

[**观赏特性**] 树冠整齐，枝叶美丽，树姿清幽，夏日浓荫铺地，黄花满树，气味芳香。

[**园林应用**] 适宜作庭荫树、行道树及风景林树，可孤植、丛植、群植。

  为承德地区乡土树种，应大力推广应用。

糠椴果实

[**形态特征**] 落叶乔木。树冠广卵形；树皮暗灰色，有浅纵裂；当年生枝黄绿色，密生灰白色星状毛。叶大型互生，近圆形，先端钝尖，缘具粗锯齿，齿端呈芒状，叶面疏生毛，叶背面密生淡灰色星状毛。聚伞花序下垂，花黄色，花序梗贴生于苞片上。核果球形，外被黄褐色茸毛。花期7～8月；果期9～10月。

[**产地分布**] 原产我国。分布于东北、内蒙古及河北、山东等地。

[**生态习性**] 喜光，亦耐阴，耐寒，喜冷凉湿润气候，适生

糠椴叶片

蒙椴叶片

[同属常见植物]

蒙　椴 〉 *T. mongolica*

　　又称小叶椴。树皮红褐色，小枝光滑无毛。叶片较小，互生，广卵形，顶端长渐狭，先端常3裂，仅叶背脉腋有丛生褐色柔毛，叶缘具不整齐粗齿。

紫　椴 〉 *T. amurensis*

　　枝无顶芽，小枝黄褐色后转紫褐色，光滑无毛。叶阔卵形或近圆形，叶表光滑，叶基部心形，花无退化雄蕊。

蒙椴花序

紫椴花序

紫椴叶片

紫椴

木 槿

学 名： *Hibiscus syriacus* L.
别 名： 无穷花
科 属： 锦葵科 木槿属

木槿

木槿花

木槿叶片

[形态特征] 落叶小乔木。树冠长卵形；干皮暗灰色，茎直立，多分枝，稍披散；小枝褐灰色，幼时被茸毛，后渐脱落。单叶互生，叶菱状卵形，常3裂，先端渐尖，边缘具圆钝或尖锐锯齿，有明显的三条主脉。花两性，单生于叶腋。花冠钟形，花瓣有单、重瓣之分，花色有浅蓝、紫色、粉红色或白色等。蒴果长椭圆形，果皮革质，密生星状茸毛。花期6～9月；果期9～11月。

[产地分布] 原产我国。现全国各地多有分布栽培。

[生态习性] 喜光，耐半阴，较耐寒，耐干旱、瘠薄。对土壤要求不严，喜温暖、湿润气候。抗烟尘和有毒气体。

[繁殖栽培] 播种、扦插、压条繁殖，以扦插为主。

[常见病虫害] 病害主要有炭疽病、叶枯病、白粉病等；虫害主要有红蜘蛛、蚜虫、蓑蛾、夜蛾等。

[观赏特性] 枝叶繁茂，开花时满树花朵，花形花色众多，花色鲜艳，花期长。著名观花植物。

[园林应用] 适宜做观赏树种。可孤植、丛植及群植，亦可作花篱。

承德中南部地区适宜小环境应用。

柽 柳

学 名： *Tamarix chinensis* Lour.
别 名： 三春柳，红柳
科 属： 柽柳科 柽柳属

[形态特征] 落叶小乔木。树皮红褐色；嫩枝绿色纤细而常下垂。叶互生，披针形，鳞片状，小而密生，呈浅蓝绿色。两性花，总状花序集生于当年枝顶，组成圆锥状复式花序；花粉红色，一年开三次花。通常不结实，蒴果角状3瓣裂。果期10月。

[产地分布] 原产我国。现华北至华南多有分布栽培。

[生态习性] 喜光，耐旱，耐寒，耐烈日暴晒，耐水湿。耐盐碱，对土壤要求不严。根系发达，萌生力强，生长迅速，抗风力强。

[繁殖栽培] 播种、扦插、压条、分株繁殖，以扦插为主。定植后不需特殊管理，可适当整形修剪以培育优美树形。

[常见病虫害] 主要有梨剑纹夜蛾、蚜虫等。

[观赏特性] 干皮红色，枝条柔软下垂，姿态婆娑；叶细密而纤柔，春夏呈黄绿色；花色粉红，鲜艳娇美，花期长，自春至秋三次开放，故又名"三春柳"。

[园林应用] 常用于风景树。适于水滨、池畔、桥头、河岸、堤防种植。盐碱、沙荒、水湿洼地良好的绿化树种。

柽柳花序

柽柳

紫薇

学　名：*Lagerstroemia indica* L.
别　名：百日红，痒痒树
科　属：千屈菜科　紫薇属

紫薇

紫薇花序

紫薇叶片

[形态特征] 落叶小乔木。树冠长圆形；树皮黄绿色，薄片状脱落，露出光滑内皮；枝干多扭曲，幼枝略呈四棱形，稍成翅状。叶近对生，革质，近无柄，椭圆形至倒卵状椭圆形，光滑无毛或沿主脉上有毛，叶表光绿，全缘。花两性，顶生圆锥花序，钟状，紫色、红色、粉红或白色。蒴果近球形，熟时暗褐色。花萼宿存。花期6～9月；果期10～11月。用手抚摸，全株微微颤动，故名"痒痒树"。

[产地分布] 原产我国。全国各地多有分布栽培。

[生态习性] 喜光，稍耐阴，耐旱，怕涝。喜温暖湿润，在肥沃的中性或微酸性土壤上生长较好。对二氧化硫、氟化氢及氮气的抗性强。

[繁殖栽培] 播种、扦插、分株繁殖。大苗移植需带土球，并适当修剪枝条，以利成活。

[常见病虫害] 主要病害有白粉病、褐斑病、煤污病；虫害有黄刺蛾、长斑蚜等。

[观赏特性] 树姿优美，树干光洁，花色艳丽丰富，花期长可达百日。著名的观赏树。

[园林应用] 适用于公园绿地、庭院、小区及风景区绿化。可孤植、丛植及群植，亦可作盆景材料。

　　承德南部地区小环境应用，但要注意冬季防寒。

灯台树

学　名：*Cornus controversa* Hemsl.
别　名：女儿木，瑞木
科　属：山茱萸科 梾木属

[形态特征] 落叶乔木。树冠层次分明，树皮暗灰色，老时浅纵裂；枝条紫红色，无毛。单叶互生，常集生于枝梢，宽卵形或宽椭圆形，先端突渐尖，弧形侧脉，基部圆形，叶面深绿色，背面灰绿色，疏生贴伏短柔毛，全缘或为波状。伞房状聚伞花序顶生，稍被贴伏的短柔毛。花小，白色。核果近球形，初紫红后蓝黑色。花期5～6月；果期9～10月。

[产地分布] 原产我国。东北南部及以南地区多有分布栽培。

[生态习性] 喜温暖气候及半阴环境，适应性强，较耐寒，耐热，宜在肥沃、湿润及疏松、排水良好的土壤上生长。

[繁殖栽培] 以播种繁殖为主，亦可用扦插。移栽宜于早春萌动前或秋季落叶后进行，须带土球。由于自然生长树形优美，一般不需要整形修剪。

[常见病虫害] 主要病害为猝倒病、干腐病等。

[观赏特性] 树干端直，树姿优美奇特，层次分明，宛若灯台，叶形秀丽，白花素雅。良好的观形、观花树种。

[园林应用] 宜作风景树、庭荫树及园路树。可孤植、丛植、列植及群植。

　　适宜承德地区中南部应用。

灯台树

灯台树叶片

灯台树果实

君迁子

学　名：*Diospyros lotus* L.
别　名：黑枣，野柿子
科　属：柿树科 柿树属

君迁子

君迁子果实

君迁子叶片

[形态特征] 落叶乔木。树冠卵形或卵圆形；干皮灰褐色，深裂成方块状；幼枝灰绿色，有短柔毛。单叶互生，椭圆形至长圆形，先端渐尖或急尖，基部钝圆或阔楔形，上面深绿色，初时密生柔毛，有光泽，下部灰绿色有灰色毛。花单性，雌雄异株，簇生于叶腋，淡黄色至淡红色。浆果近球形至椭圆形，初熟时淡黄色，后变为蓝黑色，被蜡质白粉，萼片宿存。花期5～6月；果期10～11月。

[产地分布] 原产我国。分布于华北、西北地区。

[生态习性] 性强健，喜光，耐半阴，较耐寒，耐旱。喜肥沃、深厚土壤，对土壤要求不严。对二氧化硫抗性强。

[繁殖栽培] 播种繁殖。

[常见病虫害] 主要有柿角斑病、炭疽病；黑刺蛾、柿草履蚧、黄刺蛾、蓑蛾等。

[观赏特性] 树干挺直，树冠圆整，幼果橙色，熟时蓝黑色，外被白粉。是良好的观叶、观果树种。

[园林应用] 适宜作观赏树、庭荫树及行道树。可孤植、丛植及列植，是公园绿地、庭院绿化的良好树种。常作柿树砧木。

承德地区南部有栽培，中部地区小环境慎用。

[同属常见植物]

柿 树 〉*D. kaki*

枝开展，无顶芽，树皮暗灰色，小枝褐色，初有毛后脱落。叶片宽大而肥厚，全缘；叶面光绿色，背面淡绿色，沿脉有黄色毛。花黄白或白色。浆果大型，熟时橙黄色。

承德地区南部有栽培。

柿树果实

柿树果实

柿树

流 苏

学 名: *Chionanthus retusus* Lindl. et Paxt.
别 名: 隧花木，牛筋子
科 属: 木犀科 流苏树属

[形态特征] 落叶乔木。树冠广卵形至扁圆形；树皮深灰褐色，大枝开展，皮常纸状剥裂；小枝初时有毛，后脱落，具明显黄褐色皮孔，灰褐色或黑灰色，圆柱形；幼枝淡黄色或褐色，疏被或密被短柔毛。单叶对生，革质或薄革质，长圆形或椭圆形，全缘或有小锯齿，两面光滑，仅背面叶脉和叶柄具黄褐色短柔毛。花单性异株，或为两性花，顶生聚伞状圆锥花序；花白色，萼和瓣4深裂，裂片长条状披针形。核果椭圆形，熟时呈蓝黑色或黑色，被白粉。花期4～5月；果期9～10月。

[产地分布] 原产我国。现华北、西北、华东、华中及华南多有分布栽培。

流苏果实

流苏

流苏干皮

流苏叶片

[生态习性] 喜光，较耐阴，喜温凉气候，较耐寒。中性及微酸性土壤生长良好，耐干旱瘠薄，不耐水涝。

[繁殖栽培] 播种、扦插、嫁接繁殖。种子需沙藏越冬。苗木春秋两季均可移植，小苗带宿土移栽，大苗需带土球。

[常见病虫害] 主要有金龟子、蚜虫等。

[观赏特性] 姿态优美，干皮奇特，叶片光亮，花色乳白，花瓣洁白秀丽，馨味宜人，蔚为壮观。特有的珍贵绿化观赏树种。

[园林应用] 适宜作孤赏树、庭荫树及风景树。可孤植、丛植、群植、列植于草坪、路旁、林缘、水畔及建筑物周围。

承德地区中南部小环境应用。

白蜡

学　名: *Fraxinus chinensis* Roxb.
别　名: 青榔木，白荆树
科　属: 木犀科 白蜡树属

[形态特征] 落叶乔木。树冠卵圆形；干皮灰褐色，稍见皱裂；小枝灰黄色，光滑无毛。奇数羽状复叶，对生；小叶卵圆形或卵状披针形，先端渐尖，缘具齿及波状齿，表面无毛，背面沿脉有短柔毛。圆锥花序侧生或顶生于当年生枝上，与叶同时开放，大而疏松，下垂。翅果扁平，倒披针形。花期4～5月；果期9～10月。

[产地分布] 我国原产。全国各地多有分布栽培。

[生态习性] 喜光，稍耐阴，喜温暖、湿润气候。耐寒。喜湿，耐涝，也耐干旱、瘠薄，对土壤要求不严，耐盐碱。

[繁殖栽培] 以播种繁殖为主，亦可扦插、压条。幼苗移栽后生长缓慢，不宜每年移栽。

[常见病虫害] 主要病害有白蜡流胶病、煤烟病；虫害有水曲柳巢蛾、灰盔蜡蚧、四点象天牛、花海小蠹等。

[观赏特性] 树干通直，树姿美丽，枝叶繁茂而鲜绿，秋叶橙黄。良好的观叶树种。

[园林应用] 可孤植、片植、群植。适宜作行道树、庭荫树及风景树，亦可用于湖岸和工矿区绿化。

承德地区常见的园林绿化树种。

[同属常见植物]

水曲柳 *F. mandshurica*

树皮灰褐色，浅纵裂，幼树皮光滑，后有粗细相间的纵裂。小枝略呈四棱形，无毛，有明显突起的白色或褐色皮孔。叶轴有沟槽，具极窄的翼。翅果稍扭曲，长圆状披针形。花期5～6月；果期9～10月。园林用途同白蜡。

白蜡

白蜡叶片

水曲柳

水曲柳叶片

水曲柳树干

'金叶'白蜡

'金叶'白蜡叶片

▶ '金叶'白蜡 》 *F.* 'Jinye'

　　树皮淡黄褐色。小枝光滑无毛。小叶卵状椭圆形，尖端渐尖，基部狭，不对称，缘有齿及波状齿，表面无毛，叶金黄色，渐变黄绿色。常以白蜡做砧木嫁接繁殖。可作行道树、风景树。良好的观叶植物。

▶ 绒毛白蜡 》 *F. velutina*

　　冬芽黑褐色，密被柔毛。小枝密被短柔毛。小叶常5枚，两面被毛，背面毛极密。圆锥花序，花序轴被毛。园林用途同白蜡。

绒毛白蜡叶片

绒毛白蜡

暴马丁香

学 名：*Syringa reticulata* (Bl.) Hara var. *mandshurica* (Maxim.) Hara
别 名：暴马子，荷花丁香
科 属：木犀科 丁香属

暴马丁香

暴马丁香果实

暴马丁香树干

暴马丁香叶片

[形态特征] 落叶小乔木。树冠近圆形；树皮紫灰色或紫灰黑色，具灰白色横斑纹，常不开裂；枝条直上而开展，小枝灰褐色，有光泽。单叶对生，叶片多卵形或广卵形，叶薄纸质，先端突尖或短渐尖；叶表绿色，叶背淡绿色，两面无毛，全缘。圆锥花序顶生，大而稀疏，花白色，较小。蒴果长圆形，先端钝，光滑或外具疣状突起，经冬不落。花期5～6月；果期8～9月。

[产地分布] 原产我国。主要分布在东北、华北、西北、华中等地区。

[生态习性] 喜温暖、湿润气候，耐严寒，耐干旱、贫瘠，对土壤要求不严，抗性强。

[繁殖栽培] 多用种子繁殖。播种前需对种子进行催芽处理。

[常见病虫害] 主要有褐斑病、煤污病；红蜘蛛等。

[观赏特性] 树姿美观，花序大，花白如雪，花期长。优美的绿化观赏树种。

[园林应用] 宜作观赏树、庭荫树及园路树，庭院中可配植于屋旁、墙垣、池边。公园绿地、风景名胜区良好的绿化观赏树种。

梓 树

学　名：*Catalpa ovata* G.Don
别　名：梧桐树，黄金树
科　属：紫葳科 梓树属

梓树

梓树果实

梓树花序

[形态特征] 落叶乔木。树冠倒卵形或椭圆形；树皮褐色或黄灰色，纵裂或有薄片剥落；嫩枝及叶柄被毛并有黏质。单叶对生或轮生，阔卵形或近圆形，叶长宽近相等，叶全缘，偶见3～5浅裂，先端突尖；叶表有黄色短毛，沿脉密，叶背基部脉腋有紫色腺斑。圆锥花序顶生；花冠钟形，淡黄色或黄白色。蒴果长圆柱形，细长如筷，经久不落。花期5～6月；果期9～10月。

[产地分布] 原产我国。分布于东北、华北，南至华南北部。

[生态习性] 喜光，稍耐阴，耐寒，适生于温带地区，在暖热气候下生长不良。深根性，喜深厚肥沃、湿润土壤，不耐干旱瘠薄，耐轻盐碱。抗污染性较强。

[繁殖栽培] 以播种为主，也可根蘗繁殖。

[常见病虫害] 主要有楸蛾、天牛等。

[观赏特性] 树体端正，冠幅开展，叶大荫浓。春夏黄花满树，秋冬荚果悬挂。北方良好的观赏树种。

[园林应用] 适宜作孤赏树、庭荫树及行道树，可孤植、丛植及片植。

承德地区常见的园林绿化植物。

青杆

学 名：*Picea wilsonii* Mast.
别 名：魏氏云杉，细叶云杉
科 属：松科 云杉属

[形态特征] 常绿针叶乔木。树冠阔圆锥形；树皮淡灰色或灰褐色，浅裂或不规则鳞片状脱落；大枝平展，小枝细长开展，1年生枝淡黄绿色、淡黄色或淡黄灰色、黄褐色，无毛或疏生短毛。芽卵圆形，栗褐色，小枝基部宿存芽鳞紧贴枝干不反卷。叶四棱状条形，坚硬，呈粉状青绿色。花单性，雌雄同株异花。球果卵状圆柱形，在树上呈下垂状。花期4月；果期10月。具有周期性结实现象。

[产地分布] 原产我国。分布于华北、西北山地，全国各地多有栽培。

[生态习性] 耐阴，耐寒，忌水渍。喜凉爽、湿润气候和肥沃深厚、排水良好的微酸性沙质土壤。浅根性，生长缓慢。

[繁殖栽培] 播种繁殖。幼苗需适当遮阳。生长缓慢，一般当年不进行间苗。幼树期易受晚霜危害，故多设荫棚或栽植在高大苗木下方，冬季需防寒。

[常见病虫病] 病害主要有根腐病、叶枯病、赤枯病、紫纹羽病；虫害主要有松天牛、松毒蛾、介壳虫、小蠹虫等。

青杆

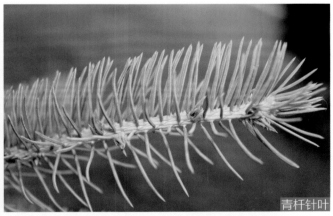

青杆针叶

青杆果实

白杆

白杆果实

白杆针叶

[观赏特性] 树冠塔形，树形端正，枝叶茂密，叶色碧绿，苍翠清秀。优良的绿化观赏树种。

[园林应用] 宜作孤赏树、风景树及行列树。可孤植、丛植、群植或与桧柏、白皮松配植。可盆栽作为室内的观赏植物，亦可作绿篱应用。

　　承德地区中北部及坝上地区重要的绿化树种。

[同属常见植物]

白　杆　*P. meyeri*

　　小枝密生或疏生短柔毛，芽鳞背部有纵脊，小枝基部宿存的芽鳞先端向外反曲或开展。叶四棱状条形，四面具白色气孔线，针叶横断面呈菱形。球果较青杆稍大，种鳞具条纹。观赏特性和园林应用与青杆相同。

华山松

学 名： *Pinus armandi* Franch.
别 名： 胡芦松，五须松，果松
科 属： 松科 松属

[形态特征] 常绿针叶乔木。树冠广圆锥形；幼树树皮灰绿色，老则裂成方形厚块片固着树上；小枝平滑无毛，冬芽小，圆柱形，栗褐色。叶五针一束，质柔软，边有细锯齿，叶鞘早落。雄球花黄色，基部围有数枚卵状匙形鳞片，集生于新枝下部成穗状。球果圆锥状长卵形，成熟时种鳞张开，种子脱落。种子无翅或近无翅，两侧及顶端具棱脊。花期4～5月；果期翌年9～10月。

[产地分布] 原产我国。山西、河南、河北、陕西、甘肃、青海、湖北、台湾、西南等地均有分布栽培。

[生态习性] 阳性树种。喜温凉、湿润气候，耐寒力强，不耐炎热。稍耐干燥、瘠薄，不耐盐碱土，最宜深厚、湿润、疏松的中性或微酸性壤土。

[繁殖栽培] 种子繁殖。幼苗稍耐阴，也可在全光照下生长。

[常见病虫害] 主要病害有立枯病、松瘤病；虫害有松大小蠹、华山松大小蠹、欧洲松叶蜂等。

[观赏特性] 高大挺拔，针叶苍翠，冠形优美，生长迅速。优良的庭院绿化树种。

[园林应用] 适宜作园景树、庭荫树、行道树。可孤植、群植。系高山风景区之优良风景林树种。

　　承德丰宁县有应用。

华山松球果

华山松枝干

华山松针叶

华山松

白皮松

学 名: *Pinus bungeana* Zucc.ex Endl.
别 名: 三叶松,虎皮松
科 属: 松科 松属

[形态特征] 常绿针叶乔木。树冠宽圆锥形,卵形或圆头形;幼树干皮灰绿色,光滑,大树干皮呈不规则片状脱落,形成白褐相间的斑鳞状。小枝灰绿色,无毛,冬芽红褐色。叶三针一束,螺旋状互生于小枝上,叶鞘早落,针叶短而粗硬,横切面呈三角形,叶背有气孔线。雌雄同株异花,雄球花黄褐色,雌球花紫褐色。球果圆锥状卵形,成熟时淡黄褐色,种子具膜质短翅。花期4~5月;果期翌年10~11月。

[产地分布] 我国特产。主要分布在西北及华南地区,华北、华东地区有栽培。

[生态习性] 阳性树种。喜光,耐旱,耐瘠薄,较耐寒,能适应钙质黄土及轻度盐碱土壤,在温暖向阳、深厚肥沃、排水良好之地生长茂盛。对二氧化硫有较强的抗性。

[繁殖栽培] 播种繁殖。种子需层积催芽。

[常见病虫害] 主要有松立枯病、黑霉病;松大蚜等。

[观赏特性] 干皮斑驳美观,针叶短粗亮丽。良好的观赏树种。

[园林应用] 宜作观赏树、风景林树,可孤植、对植、丛植。

承德地区常见的园林绿化树种,应用注意早春针叶枯黄现象。

白皮松

白皮松树干

白皮松果实

油 松

> 学 名：*Pinus tabulaeformis* Carr.
> 别 名：松树
> 科 属：松科 松属

[形态特征] 常绿针叶乔木。树冠在壮年期呈塔形或广卵形，老年期呈盘状伞形；树皮灰褐色，老树皮呈鳞片状开裂，裂缝红褐色；枝条粗壮，无毛，褐黄色。新芽白色，冬芽圆形，端尖，红棕色。叶二针一束，粗硬，横断面半圆形，叶鞘宿存。花单性，雌雄同株异花，雌花生于新芽的顶端，呈紫色；雄花生于新芽的基部，簇生呈黄色。球果卵形或卵圆形，无柄或极短柄。鳞盾肥厚，横脊明显，鳞脐明显有刺尖。种子具膜质种翅。花期4～5月；果期翌年10～11月。

[产地分布] 原产我国。自然分布范围广，辽宁、吉林、内蒙古、河北、河南、山西、陕西、山东、甘肃、宁夏、青海、四川北部等地均有分布栽培。

[生态习性] 阳性树种。喜光，耐寒，耐干旱、瘠薄，不耐水涝。最宜在土层深厚、土质疏松、富含腐殖质的中性、微酸性沙质土壤上生长。抗病虫能力强。深根性，生长慢，寿命长。

[繁殖栽培] 种子繁殖。苗木需多次断根移植，有利于根系发育。幼苗生长较慢，一般从第5年起开始生长加速，持续至30年后，生长速度减缓。

[常见病虫害] 病害主要有立枯病、松针锈病、落针病；虫害主要有球果螟、松梢螟、松毛虫、松小蠹虫等。

[观赏特性] 树干挺拔苍劲，树姿古雅，枝条横展，树冠如伞盖，针叶浓绿，四季常青。北方重要的景观树种。

[园林应用] 宜作孤赏树、庭荫树、行道树及风景林树。可孤植、丛植、群植及列植。幼树可作绿篱材料，也可培养造型成盆景。

　　承德市市树。为最常见的常绿树种。

油松针叶

油松果实

油松树干

油松

樟子松冬态

樟子松针叶

美人松针叶

樟子松

[同属常见植物]

▶ 樟子松 〉 *P. sylvestris* var. *mongolica*

　　树冠卵形至广卵形，老皮较厚有纵裂，树干下部黑褐色，上部树皮及枝皮褐黄色或淡黄色，裂成薄片脱落。轮枝明显。叶两针一束，粗硬，稍扁扭曲，冬季针叶黄绿色。

　　承德地区中北部及坝上地区应用较多。

▶ 美人松 〉 *P. sylvestris* var. *sylvestriformis*

　　树干下部树皮棕褐色，深龟裂，中部以上树皮棕黄色至金黄色，薄片状剥离，叶两针一束，针叶细长。

　　承德中南部有应用。

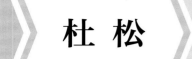

杜 松

学　名： *Juniperus rigida* Sieb.et Zucc.

别　名： 欧洲刺柏，普圆

科　属： 柏科 刺柏属

杜松针叶

杜松

内有一条窄白粉带，背面有明显的纵脊。雄球花卵形，黄褐色；雌球花球形，绿褐色，球花生于当年生枝叶腋。球果近圆形，果熟时呈淡褐黄色或蓝黑色，被白粉。种子近卵形，顶端尖，有4条不显著的棱。花期5月；果期翌年10月。

[产地分布] 产于我国。东北、华北及西北等地多有分布栽培。

[生态习性] 喜光，稍耐阴，耐寒，抗旱，耐瘠薄。喜冷凉气候，对土壤适应性强。深根性，主根长，侧根发达。抗风力强。

[繁殖栽培] 种子繁殖。播种前种子需层积处理。

[常见病虫害] 主要有杜松赤枯病、梨锈病；双条杉天牛、小蠹虫等。

[观赏特性] 树冠圆柱形，树姿优美，枝叶浓密下垂。

[园林应用] 宜作风景树、行列树，可孤植、对植、丛植、列植。适宜于公园、庭园、绿地、陵园墓地应用，亦作绿篱材料、盆栽或制作盆景。

[形态特征] 常绿小乔木。树冠圆柱形，老时圆头形；树皮灰褐色，大枝直立，小枝三棱形下垂。三叶轮生，条状披针形，坚硬，先端锐尖成刺，表面凹下成深槽，槽

侧 柏

学 名： *Platycladus orientalis* (L.)Franco
别 名： 扁柏，香柏
科 属： 柏科 侧柏属

[形态特征] 常绿乔木。幼时圆锥形，渐变成广卵形，老年树冠常不规则，形态各异；干皮淡灰褐色，条片状纵裂；小枝扁平排成平面。叶小，鳞状叶紧贴小枝上，呈交叉互生排列，叶背中部具腺槽。雌雄同株异花，花均单生于枝顶，雄球花黄色，由交互对生的小孢子叶组成，雌球花仅由4对交互对生的珠鳞组成。球果阔卵形，当年成熟，近熟时蓝绿色被白粉，熟后红褐色开裂，种鳞木质。种子卵形，灰褐色，无翅，有棱脊。花期3～4月；果期9～10月。

[产地分布] 我国特产。全国各地多有栽培。

[生态习性] 喜光，幼时稍耐阴，适应性强，对土壤要求不严，在酸性、中性、石灰性和轻盐碱土壤均可生长；喜生于湿润、肥沃、排水良好的钙质土壤。耐干旱瘠薄，耐寒力强，抗风能力较弱。浅根性，侧根发达，寿命长。抗烟尘、二氧化硫、氯化氢等有害气体。

[繁殖栽培] 以播种繁殖为主，也可扦插。培育绿化大苗，需经过2～3次移植。秋季不宜肥水过大。

[常见病虫害] 病害有侧柏叶凋病、锈病等；虫害有侧柏毛虫、侧柏大蚜、双条杉天牛、红蜘蛛等。

[观赏特性] 树姿优美，枝叶茂密，四季常绿。

[园林应用] 宜作孤赏树、园路树及风景林树。可孤植、丛植、列植、群植。因其耐修剪，萌芽力强，适作绿篱材料，也可用于寺庙、墓地、纪念堂馆等处绿化。因其耐修剪，萌芽力强，适作绿篱材料。园林绿化中，秋季不宜肥水过大，以免造成早春枯梢现象。

承德地区应用广泛的常绿植物。

侧柏

侧柏果实

圆 柏

学　名：*Sabina chinensis* (L.)Ant.
别　名：刺柏，桧柏
科　属：柏科 圆柏属

圆柏果实

圆柏叶片

圆柏

[形态特征] 常绿乔木。树冠幼时尖塔形，老树则呈广卵形；树皮灰褐色，幼壮树皮呈片状剥落，老龄树皮浅纵裂；小枝直立或斜向上展，亦有略下垂；小枝初绿色，渐变红、紫褐色。叶两型，幼树多刺形叶，刺叶多3叶轮生，短披针形；老树鳞形叶，叶小，交互对生。雌雄异株，雌雄球花均生于短枝枝顶，雄球花黄色。球果近球形，有明显的心皮尖突起，果被白粉，种子无翅。花期4月；果翌年秋季成熟。

[产地分布] 原产我国。东北南部及华北等地多有分布栽培。

[生态习性] 喜光，幼树耐庇荫。喜温凉气候，较耐寒，耐旱，耐贫瘠，忌水湿。适宜肥厚、湿润、沙质壤土，能生于酸性、中性及石灰质土壤上。萌芽力强，耐修剪，深根性，侧根发达。对多种有害气体有一定抗性，阻尘和隔音效果好。

[繁殖栽培] 以播种、扦插繁殖为主。种子需低温层积催芽。

[常见病虫害] 病害有桧柏锈病、梨桧锈病、苹桧锈病；虫害有双条杉天牛、侧柏毒蛾、小蠹虫等。

[观赏特性] 树冠枝叶浓密，干形端直，形态多变，四季常绿。北方应用最广泛的园林绿化树种。

[园林应用] 适宜作孤植树、行道树及风景林树。可孤植、丛植、对植及列植。也常用于寺庙、墓地、纪念堂馆等处绿化，亦可作绿篱材料。

　　承德地区重要的常绿观赏树种。

[同属常见植物]

▶ '河南' 桧 › *S. chinensis* 'Henan'

树冠塔形，宽大，枝斜上密集生长。叶近全为刺叶，3枚交互轮生，偶见少量鳞叶。

承德地区应用，应预防早春风大，造成抽条现象。

▶ '丹东' 桧 › *S. chinensis* 'Dandong'

树冠圆柱状，尖塔形，主枝生长弱势，侧枝生长势强。树冠外缘较松散，稍有向上扭转趋势。叶深黄绿色，冬季呈深绿色。叶面微凹，有两条白色气孔带。

承德地区宜作绿篱及低矮造型。

▶ '沈阳' 桧 › *S. chinensis* 'Shenyang'

又称塔桧，树冠幼时为圆锥状，大树则为圆柱状尖塔形，枝向上直展，密生。幼树多为刺叶，老树多兼有刺叶与鳞叶，叶色深绿。全为雄株。

承德地区良好的绿化树种。

'河南'桧

'丹东'桧

'丹东'桧针叶

'沈阳'桧针叶

'沈阳'桧

东北红豆杉

学　名：*Taxus cuspidata* Sieb.et Zucc.
别　名：紫杉
科　属：红豆杉科 红豆杉属

[形态特征] 常绿小乔木。树冠倒卵形或阔卵形；树皮红褐色或灰红色，呈片状剥裂；大枝近水平伸展，侧枝密生，无毛，小枝红褐色，秋后呈淡红褐色。叶生于主枝上，呈螺旋状排列，生在侧枝上叶柄基部扭转向左右排成不规则两列；叶条形，质厚，直或微弯，叶表深绿色，有光泽，叶背有两条灰绿色气孔带。雌雄异株，雄球花生于上一年枝的叶腋。种子卵形，成熟时紫褐色，有光泽，生于杯状肉质红色的假种皮中。花期5～6月；果期 9～10月。

[产地分布] 产自我国东北。东北、华北多有分布栽培。

[生态习性] 阴性树，极耐庇荫，抗寒力强。喜生于富含有机质的潮润土壤，在冷凉、湿度较高环境下生长良好。生长迟缓，浅根性，侧根发达。寿命极长。

[繁殖栽培] 播种、扦插繁殖。移植需带土球。在干燥、温暖地区移植成活困难，应用时加以注意。

[常见病虫害] 主要有白纹羽病；红蜘蛛、蚜虫等。

[观赏特性] 树姿优美，枝叶繁密，叶片光绿，果实鲜红。著名观叶、观果树种。

[园林应用] 宜作观赏树、行列树及风景林树。可孤植、列植、丛植或群植，也可作绿篱材料，盆栽及作盆景亦可。

东北红豆杉叶片

东北红豆杉果实

东北红豆杉

沙地柏

学　名： *Sabina vulgaris* Ant.
别　名： 叉子圆柏，新疆圆柏
科　属： 柏科 圆柏属

[形态特征] 匍匐性常绿灌木，高不及1m。枝密集，斜上展；小枝细，近圆形，裂成薄片，1年生分枝圆柱形。叶两型，刺叶生于幼树上，常交互对生或3枚轮生，上面凹，下面拱形，中部有长椭圆形或条状腺体；鳞叶常生于壮龄植株或老树上，交互对生，斜方形，先端微钝或急尖，背面中部有椭圆形或卵形明显腺体。多雌雄异株。球果生于下弯的小枝顶端，呈不规则卵圆形或近球形，熟时褐色、紫蓝色或黑色，被白粉。花期4～5月；果期翌年9～10月。

[产地分布] 原产我国。东北、华北、西北多有分布栽培。

[生态习性] 喜光，亦耐阴，耐寒，极耐旱，耐瘠薄。喜凉爽干燥的气候，对土壤要求不严，不耐涝。

[繁殖栽培] 播种、扦插繁殖，以扦插为主。

铺地柏针叶

铺地柏

[常见病虫害] 病害有立枯病、桧柏梨锈病等；虫害有红蜘蛛、介壳虫等。

[观赏特性] 四季常绿，植株低矮，冠形奇特，枝条繁密。北方地区良好的常绿地被植物。

[园林应用] 可丛植、片植、群植。应用于公园绿地、单位庭院、风景区地被绿化，亦可布置于岩石旁、路边或建筑物旁。

　　承德地区应用广泛。

[同属常见植物]

铺地柏　*S. procumbens*

　　又称爬地柏，匍匐性灌木。近无主干，枝条沿地面伸展，树皮赤褐色，全部为刺形叶。

　　承德地区应用较少。

沙地柏针叶

沙地柏

矮紫杉

学　名：*Taxus cuspidata* var. *nana* Rehd.
科　属：红豆杉科 红豆杉属

[形态特征] 常绿灌木。密丛状，枝条横展密集，小枝赤褐色，平滑无毛。叶条形，直立或微弯，先端常突出，叶表深绿色有光泽，叶背有两条灰色气孔带；主枝上的叶呈螺旋状排列，侧枝上的叶呈不规则的、断面近于"V"字形羽状排列。球花单性，雌雄异株，单生叶腋，雌花胚珠淡红色。种子坚果状，卵形或三角状卵形，微扁，假种皮鲜红色。花期5～6月；果期9～10月。

[产地分布] 原产我国东北及朝鲜、日本等地。全国多地有栽培。

[生态习性] 阴性树种。耐寒，忌低洼积水。喜冷凉湿润气候及富含有机质的湿润土壤。浅根性，侧根发达，生长迟缓。

[繁殖栽培] 播种或扦插繁殖。

[常见病虫害] 主要有介壳虫。

[观赏特性] 树形端庄，树姿秀美，终年常绿，枝叶繁多而不易枯疏。北方地区园林绿化良好的常绿灌木。

[园林应用] 可用于风景区、公园绿地、庭院中，宜孤植、列植、丛植。也可作绿篱材料，适合修剪为各种造型。

　　承德中南部应用较多。

矮紫杉叶片

矮紫杉

冬青卫矛

学 名： *Euonymus japonicus* Thunb.
别 名： 大叶黄杨，冬青
科 属： 卫矛科 卫矛属

[形态特征] 常绿小灌木。树冠球形；小枝略为四棱形，枝叶密生。单叶对生，倒卵形或椭圆形，革质，顶端尖或钝，基部楔形，缘具细锯齿，表面深绿色，有光泽。聚伞花序腋生，具长梗，花绿白色。蒴果近球形，棕色，假种皮橘红色。花期6～7月；果期9～10月。

[产地分布] 原产我国中部及北部各地。全国各地多有分布栽培。

[生态习性] 喜光，较耐阴，较耐寒。喜温暖湿润气候，要求肥沃疏松的土壤。

[繁殖栽培] 播种或扦插繁殖。

[常见病虫害] 病害有白粉病、叶斑病、茎腐病等；虫害有大叶黄杨尺蠖、黄杨绢野螟、黄杨斑蛾及日本龟蜡介等。

[观赏特性] 叶色光亮，嫩叶鲜绿，枝叶茂密，四季常青。良好的观叶树种。

[园林应用] 常将其修剪成圆球形或半球形，用于花坛中心或对植于门旁，或用作绿篱及背景种植材料，亦可丛植草地边缘或列植于园路两旁，还可盆栽观赏。

承德中南部小环境可少量应用。

冬青卫矛果实

冬青卫矛

朝鲜黄杨

学　名： *Buxus microphylla* var. *koreana* Nakai
科　属： 黄杨科　黄杨属

朝鲜黄杨

朝鲜黄杨叶片

[形态特征] 常绿小灌木。干皮灰褐色，条状纵裂；小枝近四棱形，灰色，嫩枝绿色或褐绿色。叶革质，椭圆形或长椭圆形，先端微凹，全缘，边缘略反卷，表面侧脉不明显；叶面深绿色，背面淡绿色。花序腋生，花密集成头状，浅黄色。蒴果近球形，具3室，每室具2粒黑色有光泽种子。花期4月；果期7～8月。

[产地分布] 原产朝鲜。我国东北、华北各地多有栽培。

[生态习性] 喜光，稍耐阴，耐寒，耐干旱、瘠薄。喜温暖气候和湿润肥沃土壤。浅根性，须根发达，生长缓慢，萌芽力强。

[繁殖栽培] 播种、扦插繁殖。种子成熟后即采即播。

[常见病虫害] 病害有立枯病、煤污病等；虫害有黄杨绢野螟、黄杨尺蠖、介壳虫等。

[观赏特性] 枝叶茂密浓绿，经冬不凋，观赏价值高。

[园林应用] 可列植、片植。也可用于景观造型或作绿篱、色块材料，亦可盆栽或制作盆景。
　　承德地区应用广泛的常绿地被树种。

[同属常见植物]

▶ 黄 杨 》 *B. sinica*

又称北京黄杨，小枝四棱形，绿褐色，具短柔毛。叶较锦熟黄杨大，最宽处在中部以上，对生，阔倒卵形或倒卵状椭圆形。

承德中南部小环境应用。

▶ 锦熟黄杨 》 *B. sempervirens*

小枝近四棱形，黄绿色，具条纹，近于无毛。叶较朝鲜黄杨大，最宽处在中部以下，椭圆形至卵状长椭圆形。

承德中南部可应用。

锦熟黄杨果实　　锦熟黄杨叶片　　锦熟黄杨

黄杨叶片

黄杨

迎红杜鹃

学 名：*Rhododendron mucronulatum* Turcz.
别 名：映山红，蓝荆子
科 属：杜鹃花科 杜鹃花属

迎红杜鹃秋态

迎红杜鹃叶片

迎红杜鹃花

[形态特征] 半常绿灌木。分枝多，小枝细长，疏生鳞片。叶椭圆状披针形，两面具疏鳞片，革质或纸质，全缘。花单生或数朵生于枝顶，两性，淡红紫色，先叶开放，花冠宽漏斗状。蒴果短柱状，暗褐色，密被腺鳞，熟时5瓣开裂。花期4～5月；果期8～9月。

[产地分布] 产自我国。东北、华北、华东、华中等地均有分布栽培。

[生态习性] 喜光，较耐阴，耐寒，耐干旱、瘠薄，喜凉爽湿润气候。适宜在富含腐殖质的微酸性土壤生长，在黏重或通透性差的土壤上生长不良。

[繁殖栽培] 播种、扦插、分株繁殖。

[常见病虫害] 主要有褐斑病；冠网蝽、卷叶虫、红蜘蛛等。

[观赏特性] 春花繁茂，绮丽多姿。良好的早春观花灌木。

[园林应用] 可丛植、片植。宜在林缘、溪边、池畔及岩石旁应用，也可于疏林下散植。

承德中北部地区少量应用。

[同属常见植物]

照山白 *R. micranthum*

半常绿灌木。多分枝，幼枝被鳞片。叶散生，厚革质，边缘略反卷，倒披针状长圆形，下面密被鳞片。花小密集，顶生总状花序，花冠白色。

照山白

金叶女贞

学 名: *Ligustrum × vicaryi* Hort. Hybrid
科 属: 木犀科 女贞属

[形态特征] 半常绿灌木。枝灰褐色，分枝多。单叶对生，革质，长椭圆形，先端渐尖，有短芒尖，全缘，基部圆形或阔楔形；新叶金黄色，老叶黄绿色渐变红褐色。圆锥状花序顶生，花小白色，花冠四裂。核果球形，蓝黑色。花期6～7月；果期9～10月。

[产地分布] 国外引进杂交种。现全国各地多有栽培。

[生态习性] 喜光，稍耐阴，较耐寒，耐干旱及轻度盐碱。喜温暖、湿润环境，对土壤要求不严。生长迅速，萌芽力强。

[繁殖栽培] 多用扦插繁殖。

[常见病虫害] 病害有叶斑病、煤污病、枯萎病等；虫害有粉蚧、蚜虫等。

[观赏特性] 叶色金黄，革质光亮。良好的黄色观叶灌木。

[园林应用] 可列植、片植、群植。适于公园绿地、单位庭院、居住小区、道路绿化。可与紫叶小檗、水蜡或黄杨等组成色块或色带，形成强烈的色彩对比，也可修剪成景观树形或作绿篱材料。

承德中南部地区小环境应用，栽植初期需保护越冬。

金叶女贞叶片

金叶女贞

第四章 落叶灌木

牡 丹

学 名：*Paeonia suffruticosa* Andr.
别 名：木芍药，花王
科 属：毛茛科 芍药属

牡丹

牡丹花

牡丹果实

[形态特征] 落叶小灌木。根肉质。干皮灰黑色，分枝多，枝短粗，当年生枝光滑，黄褐色。叶互生，通常为二回三出复叶，复叶具长柄，顶生小叶卵圆形或披针形，三深裂，裂片先端三至五浅开裂；侧生小叶较小，近无柄，斜卵形，先端具大小不等的二浅裂；叶表无毛，叶背被白粉，沿中脉疏生白毛。花两性，单生于当年枝顶，花大型，多重瓣或单瓣。蓇葖果卵形，端尖，密被褐黄色硬毛，熟时开裂。花期4～5月；果期8～9月。

[产地分布] 原产我国。现全国各地多有分布栽培。

[生态习性] 喜光，稍耐阴，较耐寒，不耐高温，耐干燥。喜凉爽环境。适宜深厚、肥沃、排水良好的沙质壤土。

[繁殖栽培] 播种、分株、嫁接繁殖。如土壤中水分过多，易烂根，因此，夏季雨水过多时，及时排涝。

[常见病虫害] 病害有叶斑病、紫纹羽病、茎腐病、炭疽病、锈病等；虫害有线虫、蛴螬、地老虎、天牛、介壳虫等。

[观赏特性] 花大色艳，品种多变，端庄大方，雍容华贵。

[园林应用] 可孤植、丛植、片植、群植。多用于公园、单位庭院、居住区、风景区绿化，也可布置专类园，亦可盆栽。

承德地区中南部小环境应用。滦平县兴洲村尚存三百余年的牡丹。

小 檗

学 名: *Berberis thunbergii* DC.
别 名: 狗奶子，酸醋溜
科 属: 小檗科 小檗属

[形态特征] 落叶小灌木。小枝多红褐色，有沟槽，具短小针刺，刺不分叉。单叶互生，叶片小型，倒卵形或匙形，先端钝，基部急狭，全缘；叶表暗绿，光滑无毛，背面灰绿，有白粉，两面叶脉不显，入秋叶色变红。腋生伞形花序或数花簇生，花两性，花淡黄色。浆果长椭圆形，熟时亮红色。花期5月；果期9月。

[产地分布] 原产我国。现全国各地多有栽培。

[生态习性] 喜光，耐阴，耐寒性强，耐干旱、瘠薄，忌水涝。对土壤要求不严，喜温凉湿润的气候环境，以肥沃、排水良好的沙质壤土生长最好。萌芽力强。

[繁殖栽培] 以播种为主，也可扦插繁殖。

[常见病虫害] 主要有白粉病、锈病；红蜘蛛、黏虫等。

[观赏特性] 枝条细密，叶小圆形，入秋变红，春日黄花，秋季果红。集观叶、观花、观果于一体的园林观赏树种。

[园林应用] 可丛植、列植、片植。适于在草坪、花坛、假山、池畔成片点缀，也可用作绿篱材料。

小檗绿篱

小檗叶片

'紫叶'小檗叶片

'紫叶'小檗

[同属常见植物]

'紫叶'小檗 *B. thunbergii* 'Atropurpurea'

枝丛生，幼枝紫红色或暗红色，叶深紫色或紫红色。绿篱及色块的主要红叶树种。

承德中南部地区应用较多，以小环境为宜。

小花溲疏

学 名： *Deutzia parviflora* Bunge
科 属： 虎耳草科 溲疏属

[形态特征] 落叶灌木。树皮灰褐色；小枝黄褐色，疏生有星状毛。叶对生，叶表绿色，叶背淡绿色，具短柄，卵形或狭卵形，先端短渐尖，基部广楔形或圆形，缘具小锯齿，两面疏生星状毛。伞房花序多花；花白色，较小，花瓣倒卵形。花期5~6月；果期8月。

[产地分布] 原产我国。华北、东北多有分布栽培。

[生态习性] 喜光，稍耐阴，耐寒。对环境适应性强，对土壤要求不严，喜肥沃、湿润土壤。

[繁殖栽培] 播种、扦插繁殖。

[常见病虫害] 主要有白粉病；蚜虫、刺蛾等。

[观赏特性] 初夏白色小花繁密，素雅，与花期稍近的白鹃梅配植，则次第开花，可延长观花期。

[园林应用] 可丛植、片植、群植。宜植于草坪、路边、山坡及林缘，亦可作花篱及岩石园种植材料。

[同属常见植物]

大花溲疏 · *D. grandiflora*

叶基部圆形，表面粗糙，叶表散生放射状星状毛，叶背密被灰白色星状毛，较小花溲疏小。萼裂片长于萼筒，花较小花溲疏大，白色。

小花溲疏叶片

小花溲疏

'大花' 圆锥绣球

学 名： *Hydrangea paniculata* 'Grandiflora' Sieb.
别 名： 木绣球，水亚木
科 属： 虎耳草科 八仙花（绣球花）属

'大花' 圆锥绣球

[形态特征] 落叶灌木。树皮灰褐色；小枝短粗褐色，略方形，皮孔明显，疏生短柔毛。叶对生，偶有3片轮生，椭圆形或卵状椭圆形，顶端渐尖或骤尖；表面深绿色，疏生短柔毛或近无毛，背面淡绿色，散生短硬毛，厚纸质。顶生大型圆锥花序，不孕花由乳白色渐变成浅粉红色。蒴果卵圆形。花期8～10月。

[产地分布] 产自日本。我国东北、华北等地多有栽培。

[生态习性] 喜光，稍耐阴，耐寒，耐旱。忌干燥瘠薄，喜深厚、湿润、肥沃土壤。

[繁殖栽培] 以扦插、压条、分株繁殖为主。

[常见病虫害] 主要有茎腐病、褐斑病；蚜虫等。

[观赏特性] 花球大而美丽，花色由白变粉且开花持久。优良的观花灌木。

'大花' 圆锥绣球叶片

[园林应用] 可丛植、片植及群植。宜植于宅旁、路边、草坪周围，效果颇佳。
　　承德地区应用广泛。

东北茶藨子

学　名： *Ribes mandshurica* (Maxim.) Kom.
别　名： 山麻子，灯笼果
科　属： 虎耳草科 茶藨子属

[形态特征] 落叶灌木。小枝灰色或褐灰色，皮纵向或长条状剥落；嫩枝褐色，具短柔毛或近无毛，无刺。芽卵圆形或长圆形，先端稍钝或急尖，具数枚棕褐色鳞片，外微被短柔毛。叶宽大，掌状三裂，基部心脏形，幼时两面被灰白色平贴短柔毛，下面甚密，边缘具不整齐粗锐锯齿或重锯齿；叶柄具短柔毛。总状花序初直立，后下垂，具花多达40～50朵；花两性，浅绿色或带黄色。浆果球形，红色。花期5～6月；果期7～8月。

[产地分布] 原产我国。北方地区均有分布栽培。

[生态习性] 喜光，稍耐阴。耐寒性强，怕热。对环境适应性强，对土壤要求不严，喜肥沃、湿润土壤。

[繁殖栽培] 可播种、压条、分株繁殖。

[常见病虫害] 常见的病虫害有白粉病；蚜虫等。

[观赏特性] 春季黄花满枝，夏秋红果颇为美丽。优良的观花、观果灌木。

[园林应用] 宜孤植、丛植于草坪、路边、山坡及林缘，亦可植于庭园观赏。

东北茶藨子果实

东北茶藨子

水枸子

学　名： *Cotoneaster multiflorus* Bunge
别　名： 多花枸子
科　属： 蔷薇科 枸子属

[形态特征] 落叶灌木。小枝细长拱形，幼时有毛，后变光滑，红褐色或棕褐色。单叶互生，卵形或宽卵形，先端急尖或圆钝，基部近圆形或广楔形，全缘；叶表无毛，幼时背面被疏柔毛，后变光滑。花两性，聚伞花序，白色，花瓣开展，近圆形。梨果近球形或倒卵形，鲜红色，经久不落。花期5～6月；果期8～9月。

[生态习性] 性强健，喜光，稍耐阴，耐寒，耐干旱、瘠薄。对土壤要求不严，在肥沃的沙壤土中生长最好。抗逆性强，但不耐水湿。

[产地分布] 原产我国。广泛分布于我国东北、华北、西北和西南等地区。

[繁殖栽培] 以播种、扦插繁殖为主。种子需层积沙藏。

[常见病虫害] 主要有叶斑病、煤污病；蚜虫、介壳虫、红蜘蛛等。

[观赏特性] 枝条细弱拱曲，夏季花白如雪，秋季果红似火。优美的观花、观果树种。

[园林应用] 适用于公园绿地、单位、庭院、居住小区及风景林地应用。可孤植、丛植、群植。植于草坪边缘或与其他树种配植建造园林景观。也可作盆栽或作绿篱材料，还是点缀岩石园及堤岸绿化的良好材料。

承德地区可推广的良好灌木。

[同属常见植物]

平枝枸子　*C. horizontalis*

枝水平开展成整齐两列，宛如蜈蚣。叶小，近革质，近卵形或倒卵形，先端急尖，基部广楔形；表面暗绿色，无毛，背面疏生平贴细毛，深秋小叶变红。花小，粉红色。果近球形，较水枸子小，鲜红色，经久不落。

承德地区小环境应用。

水枸子花序

水枸子果实

平枝枸子果实

水枸子

平枝枸子

白鹃梅

学 名：*Exochorda racemosa*（Lindl.）Rehd.
别 名：金瓜果，茧子花
科 属：蔷薇科 白鹃梅属

白鹃梅

白鹃梅

白鹃梅花

[形态特征] 落叶灌木。小枝圆柱形，无毛，微有棱角，幼时红褐色。单叶互生，长椭圆形至长圆状倒卵形，先端圆钝，基部楔形，全缘，两面无毛，背面灰白色；叶柄极短。花两性，顶生总状花序；花瓣倒卵形，白色；萼筒钟状，黄绿色。蒴果倒圆锥形，具5棱脊，有短果梗。花期5月；果期6～8月。

[产地分布] 我国原产。东北、华北、华东、华中、华南、西北等地多有分布栽培。

[生态习性] 喜光，稍耐阴，抗寒力强，耐干燥、瘠薄。对土壤要求不严，在排水良好、肥沃而湿润的土壤中长势旺盛。萌芽力、萌蘖性强。

[繁殖栽培] 播种、分株、扦插繁殖。

[常见病虫害] 主要有白粉病、褐斑病；蚜虫、刺蛾等。

[观赏特性] 春日花开洁白如雪，夏季枝繁叶茂。优美的观赏树种。

[园林应用] 可孤植、丛植、群植。适于草坪、林缘、路边及假山岩石间配植，亦可植于庭院角隅作为点缀或作花篱材料。

　　承德地区常见观花灌木。

风箱果

学 名： *Physocarpus amurensis*(Maxim.) Maxim.
别 名： 托盘
科 属： 蔷薇科 风箱果属

[形态特征] 落叶灌木。树皮纵向剥裂，小枝圆柱形，稍弯曲，无毛或近于无毛，幼时紫红色，老时灰褐色。冬芽卵形，先端尖，外面被短柔毛。叶片三角卵形至宽卵形，先端急尖，边缘具重锯齿，叶背微被星状毛与短柔毛，沿叶脉较密。伞形总状花序，花两性，总花梗和花梗密被星状柔毛，花白色。蓇葖果膨大，卵形，红褐色，熟时沿背腹两缝开裂，外面微被柔毛。花期5～6月；果期7～8月。

[产地分布] 原产我国。东北、华北、西北地区多有分布栽培。

[生态习性] 喜光，耐半阴。耐寒性强。耐干旱、瘠薄土壤，不耐水湿。喜湿润、排水良好土壤。

[繁殖栽培] 播种、扦插繁殖。生长季节株形较乱，剪除枯干枝条，保持株形。

[常见病虫害] 主要有茎腐病、褐斑病；蚜虫等。

[观赏特性] 树形开张，初夏开花，花序密集，花色雪白；初秋果实变红，颇为美观。

[园林应用] 可孤植、丛植和列植。植于亭台周围、丛林边缘及假山旁边。亦可作绿篱应用。

风箱果叶片　风箱果果实

风箱果

'金叶'风箱果叶片

'金叶'风箱果果实

'金叶'风箱果花序

'金叶'风箱果

[同属常见植物]

▶ '金叶'风箱果 ▷ *P. opulifolius* 'Darts Gold'

叶片生长期金黄色，秋叶黄绿色；果在夏末时呈红色。光照充足时叶片颜色金黄，而弱光或阴蔽环境中则呈绿色。良好的黄色观叶灌木。

承德地区常见。

▶ '紫叶'风箱果 ▷ *P. opulifolius* 'Summer Wine'

小枝圆柱形，直立，幼时紫红色，老时灰褐色；叶片生长期紫红色，老时暗红色。良好的紫红色观叶灌木。

承德地区应用，春季存在抽条观象。

'紫叶'风箱果

'紫叶'风箱果枝、叶

东北扁核木

学　名：*Prinsepia sinensis* (Oliv.) Oliv. ex Bean
别　名：辽宁扁核木，扁胡子
科　属：蔷薇科 扁核木属

[形态特征] 落叶灌木。多分枝，枝条灰绿色或紫褐色，无毛，皮成片状剥落；小枝红褐色，呈拱形，无毛，有棱条；腋生枝刺直立或弯曲。叶互生或簇生短枝上，长圆状披针形，先端渐尖，基部楔形，全缘或疏锯齿；叶表深绿色，叶脉下陷，叶背淡绿色。花1～4朵簇生于叶腋，花瓣黄色。核果近球形或长圆形，鲜红色，光滑无毛。花期4～5月；果期8～9月。

[生态习性] 阳性树种。耐寒，耐干旱、瘠薄，耐水湿。叶芽萌动早。对土壤要求不严，最适宜土层深厚、肥沃的沙质壤土。

[产地分布] 原产我国。东北、华北、西北等地多有分布栽培。

[繁殖栽培] 播种、扦插、分株繁殖。种子需层积沙藏处理。

[常见病虫害] 主要有褐斑病、白粉病；绿叶蝉、蚜虫等。

[观赏特性] 金黄色花密生，清香怡人；秋果红艳，坠满枝条，宛若一颗颗倒挂的红玛瑙，鲜艳夺目。

[园林应用] 可孤植、丛植、群植。适于公园绿地、单位庭院、街道小区、河边湿地绿化，也可作花篱材料。

东北扁核木秋果

东北扁核木果实

东北扁核木

麦 李

学　名：*Prunus glandulosa* Thunb.
科　属：蔷薇科 李属

麦李

[形态特征] 落叶灌木。小枝纤细，无毛。叶卵状长椭圆形至椭圆状披针形，先端急尖而常圆钝，基部广楔形，缘有细钝齿，两面无毛或背面中脉疏生柔毛。花单生或两朵并生，粉红或近白色，先叶开放或与叶同放。核果近球形，红色或紫红色。花期4月；果期6～7月。

[产地分布] 原产我国。华北、华中、华东等地多有分布栽培。

[生态习性] 喜光，稍耐阴，耐寒，耐旱。适应性较强，对土壤要求不严。

[繁殖栽培] 播种、分株繁殖。

[常见病虫害] 病害有褐斑病、白粉病、叶片穿孔病等；虫害有食心虫、卷叶蛾、蚜虫等。

[观赏特性] 株形紧凑，枝叶繁密，粉红色花压满枝条，靓丽迷人，秋叶变红。良好的庭园观赏树。

麦李叶片

麦李花序

[园林应用] 可孤植、丛植、群植。宜植于草坪、路边、假山旁及林缘，也可作基础栽植、盆栽或切花材料。

毛樱桃

学 名: *Prunus tomentosa* Thunb.
别 名: 山樱桃，山豆子
科 属: 蔷薇科 李属

[形态特征] 落叶灌木。树皮片状剥落，枝细，紫褐色；幼枝密生茸毛。叶倒卵形至椭圆状卵形，先端尖，锯齿常不整齐；叶面深绿色，褶皱，有柔毛，背面密生茸毛。花白色或略带淡粉红色，无梗或近无梗；萼片红色，有毛，先叶开放。核果近球形，径1cm，红或乳白色。花期4～5月；果期6～7月。

[产地分布] 原产我国。东北、华北、西北及西南地区多有分布栽培。

[生态习性] 喜光，稍耐阴。耐寒，耐干旱、瘠薄。对土壤要求不严，适应性强，忌水湿，寿命较长。

[繁殖栽培] 常用播种或分株繁殖。

[常见病虫害] 病害有流胶病、黑斑病等；虫害有蚜虫、红蜘蛛、介壳虫、天牛等。

[观赏特性] 枝叶茂密，株形紧凑；早春花繁似锦，夏季红果满枝，晶莹剔透。北方集观花、观果于一身的果树类灌木。

[园林应用] 宜孤植、丛植或片植。常在草坪上与小乔木配植构建疏林草地景观，还可与连翘配植应用，或以常绿树为背景配植应用，可突出色彩的对比。亦可盆栽或作切花材料。

毛樱桃果实

毛樱桃叶片

毛樱桃果实

毛樱桃

榆叶梅

学 名： *Prunus triloba* Lindl.
别 名： 榆梅，弯枝
科 属： 蔷薇科 李属

榆叶梅 榆叶梅 榆叶梅花序 榆叶梅叶片

[形态特征] 落叶灌木。主干树皮剥裂，紫褐色；小枝细，红褐色，无毛或幼时稍有柔毛。单叶互生，椭圆形至倒卵形，基部呈广楔形，先端尖或三裂，边缘有粗锯齿；叶面无毛或有疏毛，叶背密被短柔毛。花单生或对生，花梗短，紧贴生在枝条上；花径2～3.5cm，初开多为深红，渐渐变为粉红色，最后变为粉白色；花有单瓣、重瓣和半重瓣之分，先叶开放。核果红色，近球形。单瓣花品种结果，重瓣或半重瓣的一般不结果。花期4～5月；果期6～7月。

[产地分布] 原产我国北部。现全国各地多有分布栽培。

[生态习性] 性喜光，耐寒，耐旱，能适应轻度盐碱土，对土壤要求不严，不耐水涝。应栽植于阳光充足处，光照不足影响开花。

[繁殖栽培] 播种、分株、嫁接等方法繁殖。为利于成活，新栽植株应适当进行短截，以减少水分蒸发。

[常见病虫害] 病害有流胶病、黑斑病、根癌病等；虫害有蚜虫、红蜘蛛、刺蛾、介壳虫、天牛等。

[观赏特性] 早春花团锦簇，夏季枝叶茂密。北方早春极好的观花灌木。

[园林应用] 宜孤植、丛植或列植。常植于公园草地、路边，或庭园中的墙角、池畔等处。与连翘搭配种植，盛开时红黄相映，尽显春意盎然。亦可盆栽或作切花材料。

承德地区重要的早春观花灌木。

山刺玫

学　名： *Rosa davurica* Pall.
别　名： 刺玫果，刺玫蔷薇
科　属： 蔷薇科 蔷薇属

山刺玫

[形态特征] 落叶丛生灌木。分枝较多，小枝圆柱形，无毛，紫褐色或灰褐色；有黄色皮刺，皮刺基部膨大，稍弯曲，常成对生于小枝或叶柄基部。羽状复叶，小叶5～7枚，先端急尖或圆钝，基部圆形或宽楔形，边缘有单锯齿和重锯齿；叶面深绿色，无毛，叶背灰绿色，有白霜、柔毛和腺体；叶柄和叶轴有柔毛、腺毛和稀疏皮刺。花单生于叶腋，或2～3朵簇生；苞片卵形，边缘有腺齿，下面有柔毛和腺点；花单瓣，粉红色。蔷薇果球形或卵形，红色，光滑，萼片宿存。花期6～7月；果期

8～9月。

[产地分布] 原产我国。分布于东北、华北地区。

[生态习性] 喜阳光充足环境，耐寒，耐干旱、瘠薄。对土壤要求不严，以肥沃、疏松的微酸性土壤最好。

[繁殖栽培] 分株、扦插和压条繁殖。

[常见病虫害] 主要有白粉病；蚜虫、刺蛾等。

[观赏特性] 枝叶繁密，花粉红鲜艳，花期长。良好的春夏观花小灌木。

[园林应用] 可片植、群植，适用于公园绿地、庭院小区、风景林地绿化，坡地风景区丛植颇有野趣。

承德地区极好的花篱材料。

[同属常见植物]

大果蔷薇　*R. webbiana*

小枝细弱，有散生或成对黄色的皮刺。小叶片近圆形、倒卵形或宽椭圆形，先端圆钝急尖，基部近圆形或楔形，边缘上半部有单锯齿，近基部全缘，上面无毛，下面无毛或沿脉微被短柔毛；小叶柄和叶轴无毛，有极稀疏小皮刺。花单生，花瓣淡红色或玫瑰色，宽倒卵形，先端微凹，基部楔形。果近球形或卵球形，直径1.5～2cm，亮红色，下垂，萼片宿存。

山刺玫叶片

丰花月季

学 名： *Rosa hybrid* 'Floribunda'
别 名： 聚花月季
科 属： 蔷薇科 蔷薇属

丰花月季

丰花月季花

[形态特征] 半常绿灌木。植株低矮，分枝多，枝条棕色偏绿，具钩刺或无刺。小枝绿色，纤细。奇数羽状复叶，互生，墨绿色；小叶一般3～5片，宽卵形或卵状长圆形，先端渐尖，具尖齿，缘有锯齿，两面无毛，光滑。花生于枝顶，花多中型，成簇生，稀单生，花单瓣，色多。肉质蔷薇果，卵球形或梨形，成熟后呈红黄色，萼片宿存。花期4～10月；果期9～12月。

[产地分布] 原产我国。全国各地多有分布栽培。

[生态习性] 喜光，稍耐阴。较耐寒，耐干旱、瘠薄，适应性强。对土壤要求不严，但以富含有机质、排水良好的微酸性沙壤土最好。

[繁殖栽培] 以扦插为主，亦可用嫁接、压条繁殖。

[常见病虫害] 病害有白粉病、黑斑病、霜霉病等；虫害有蚜虫、卷叶蛾、刺蛾、红蜘蛛、白粉虱等。

[观赏特性] 花容秀美，芳香四溢，花色丰富，四季常开。

[园林应用] 可片植、群植，应用于公园绿地、单位庭院、居住区绿化。

承德地区中南部小环境应用，北部地区冬季需防护越冬。

玫 瑰

学 名: *Rosa rugosa* Thunb.
别 名: 红刺玫，粉团蔷薇
科 属: 蔷薇科 蔷薇属

[形态特征] 落叶直立丛生灌木。茎枝粗壮，灰褐色，密生刚毛与圆刺，小枝密生茸毛。羽状复叶，叶椭圆形或椭圆状倒卵形，边缘有钝锯齿，质厚；叶面光亮，多皱，无毛，叶背苍白色，有柔毛及腺体；叶柄和叶轴有茸毛及疏生小皮刺和刺毛。花单生或3～6朵簇生，花梗有茸毛和腺毛；花萼裂片卵状披针形，花紫红色至白色，芳香，单瓣或重瓣。蔷薇果扁球形，红色，平滑，具宿存萼裂片。花期5～6月；果期9～10月。

[产地分布] 原产我国。现全国各地多有分布栽培。

[生态习性] 喜光，稍耐阴，耐寒，耐旱，耐瘠薄土壤，适应性强。喜肥沃、湿润、透气的壤土和通风向阳的环境。

[繁殖栽培] 以播种、分株、扦插繁殖为主。

[常见病虫害] 主要有锈病；金龟子、蚜虫、夜蛾等。

[观赏特性] 株形紧凑，枝繁叶茂，花团锦簇，色艳花香。

[园林应用] 多丛植、片植、群植。可配植于花架、绿廊、景亭旁，也可植于墙垣、山石、水池坡岸，亦可作花篱材料。

承德市市花。承德地区重要的观花灌木，应用广泛。

玫瑰叶片　玫瑰花

玫瑰

黄刺玫

学　名：*Rosa xanthina* Lindl.
别　名：刺玫花，黄刺梅
科　属：蔷薇科　蔷薇属

黄刺梅

黄刺玫果实

黄刺玫叶片

[形态特征] 落叶丛生灌木。小枝褐色或褐红色，具硬直皮刺，无刺毛。奇数羽状复叶，小叶7～13枚，近圆形或椭圆形，先端钝或微凹，边缘有锯齿；叶表无毛，叶背幼嫩时有稀疏柔毛，后渐脱落；叶轴、叶柄有稀疏柔毛和小皮刺。花两性，单生枝顶，单瓣或重瓣，花黄色。蔷薇果近球形，红褐色，萼片反折。花期4～5月；果期7～8月。

[产地分布] 原产我国东北、华北至西北地区。现全国各地多有分布栽培。

[生态习性] 喜光，稍耐阴。耐寒力强，不耐水涝。耐干旱、瘠薄，对土壤要求不严，在盐碱土中也能生长，但以疏松、肥沃的土壤为宜。

[繁殖栽培] 播种、分株、压条或扦插繁殖。

[常见病虫害] 主要有白粉病；金龟子、天幕毛虫、蚜虫等。

[观赏特性] 株形清秀，花期长，花黄色艳丽，格外醒目。北方春末夏初的良好观花灌木。

[园林应用] 多孤植、丛植、片植。适合公园绿地、庭园观赏应用，丛植于草坪、路边，也可作为花篱栽植。
　　承德地区重要的观花灌木。

珍珠梅

学 名： *Sorbaria sorbifolia* A.Br.
别 名： 山高粮，东北珍珠梅
科 属： 蔷薇科 珍珠梅属

[形态特征] 直立落叶灌木。枝开展，小枝弯曲，无毛或微被短柔毛，幼时嫩绿色，老时暗黄褐色或暗红褐色。奇数羽状复叶，小叶对生，披针形或卵状披针形，先端渐尖，稀尾尖，具尖重锯齿，叶背光滑。圆锥花序顶生，花小，白色。蓇葖果长圆形。花期6～9月；果期8～10月。

[产地分布] 原产亚洲北部。我国东北、西北、华北多有栽培。

[生态习性] 喜阳光充足、湿润气候。耐阴性强，耐寒，耐干旱、瘠薄。喜肥沃、湿润土壤，对环境适应性强，生长较快，萌发力强。

[繁殖栽培] 以分株、扦插繁殖为主。

[常见病虫害] 病害有叶斑病、白粉病等；虫害有金龟子、斑衣蜡蝉等。

[观赏特性] 株丛丰满，花叶清丽，花蕾如珍珠，白花如雪，花期长。

[园林用途] 可孤植、丛植、群植。因耐阴性强，是北方城市高楼大厦、各类建筑物北侧阴面及树下绿化的良好树种。亦可作绿篱材料。

  承德地区应用广泛的较耐阴植物。

珍珠梅

珍珠梅花序

珍珠梅叶片

土庄绣线菊

学　名： *Spiraea pubescens* Turcz.
别　名： 蚂蚱腿子
科　属： 蔷薇科 绣线菊属

土庄绣线菊

土庄绣线菊果实

[形态特征] 落叶丛生灌木。小枝开展，稍弯曲，单叶互生，叶菱状卵形至椭圆形，叶缘中部以上有锯齿，小枝、冬芽、叶片、花序、萼片均有短柔毛，伞形花序生于枝端，花白色。蓇葖果开张。花期5～6月；果期7～9月。

[产地分布] 原产我国。东北、西北、华北等地多有分布栽培。

[生态习性] 喜光，稍耐阴。抗寒，抗旱，极耐瘠薄。喜温暖、湿润的气候和深厚肥沃的土壤。萌蘖力、萌芽力强。

[繁殖栽培] 播种、分株、扦插繁殖。

[常见病虫害] 主要有褐斑病；蚜虫、叶瘿蚊等。

[观赏特性] 株形优美，枝叶繁密，小花密集，洁白如雪。良好的坡地观赏植物。

[园林应用] 可丛植、片植、群植。用于公园绿地、庭院、风景林地的绿化，亦可用于岩石园或绿篱材料。

[同属常见植物]

三裂绣线菊 *S. trilobata*

枝条密集，小枝细弱。单叶互生，叶近圆形、扁圆形或长圆形，通常3裂，边缘中部以上具钝锯齿，基部圆形、楔形或近心形，具掌状脉；叶表绿色，背面淡蓝绿色。伞形花序顶生，15～30朵，花白色，密集。

珍珠绣线菊 *S. thunbergii*

枝条纤细而开展，呈弧形弯曲，小枝有棱角，幼时密被柔毛，褐色，老时红褐色，无毛。叶条状披针形，黄绿色，深秋叶色变红。伞形花序无总梗，花白色，花盘环形。蓇葖果。花期4～5月。

承德地区适用。

▶ 日本绣线菊 〉 *S. japonica* f.

枝干光滑，或幼时具细毛；叶卵形至卵状长椭圆形，先端尖，叶缘有缺刻状重锯齿；叶表暗绿色，叶背色浅或有白霜，脉上常有短柔毛。花淡粉红色至深粉红色，簇聚于有短柔毛的复伞形花序上。花期6~7月。良好的夏秋观花灌木。

承德地区中南部有应用。

▶ '金焰'绣线菊 〉 *S. × Bumalda* 'Gold Flame'

高达40~60cm，新梢顶端幼叶紫红色至黄红色，下部叶片黄绿色，叶卵形至卵状椭圆形，叶缘红色。伞房花序，小花密集，花粉红色。花期6~9月。良好的地被小灌木。

▶ '金山'绣线菊 〉 *S. × Bumalda* 'Gold Mound'

高达30~50cm，株形低矮密集。老枝褐色，新枝黄色，枝条呈折线状，不通直，柔软；叶卵状或卵状椭圆形，互生，叶缘有锯齿，叶金黄色。花蕾及花均为粉红色，10~35朵聚成复伞形花序。花期5~9月。极好的观叶地被小灌木。

承德地区应用广泛的观叶、观花地被灌木。

日本绣线菊

'金焰'绣线菊

'金山'绣线菊

'金焰'绣线菊花序

紫穗槐

学　名： *Amorpha fruticosa* L.
别　名： 棉槐，穗花槐
科　属： 豆科 紫穗槐属

[形态特征] 落叶丛生灌木。枝条直伸，青灰色，幼时有毛，后脱落。芽常2个叠生。叶互生，奇数羽状复叶，小叶11~25枚，长椭圆形，幼叶密被毛，老叶毛稀疏；先端圆或微凹，具透明油腺点。总状花序顶生，花小密集，花冠蓝紫色，花药黄色。荚果弯曲镰形，长7~9mm，密被隆起油腺点。果实成熟时浅褐色。花期5~6月；果期9~10月。

[产地分布] 原产北美。主要分布于我国东北、华北等地。

[生态习性] 喜光，稍耐阴。耐寒，耐旱，耐湿，耐盐碱。适应性强，抗风沙，抗逆性强。根系发达，速生，萌芽、萌蘖力强。

[繁殖栽培] 播种、分株、扦插繁殖。

[常见病虫害] 主要有霜霉病、白粉病；蚜虫、介壳虫、金龟子、象鼻虫等。

[观赏特性] 树形优美，枝叶繁密，枝条直立匀称。

[园林应用] 可列植、片植、群植。适于坡地、路边及盐碱地绿化。

紫穗槐果实

紫穗槐

锦鸡儿

学　名： *Caragana rosea* Turcz.
别　名： 红花锦鸡儿，柠条
科　属： 豆科 锦鸡儿属

[形态特征] 落叶灌木。树皮灰褐色或灰黄色；小枝细长有棱。偶数羽状复叶，在短枝上丛生，在嫩枝上互生；叶轴宿存，顶端硬化呈针刺，托叶2裂，硬化呈针刺；小叶2对，倒卵形，无柄，顶端一对常较大，顶端微凹有短尖头。花单生于短枝叶丛中，蝶形花；花冠黄色或淡红色，龙骨瓣白色，凋谢时变紫红色。荚果圆柱形，褐色，无毛。花期4～5月；果期7～8月。

[产地分布] 原产我国。分布于东北、华北、西北、华东等地。

[生态习性] 喜光。耐寒，耐干旱、瘠薄，忌湿涝。适应性强，根系发达，具根瘤，能在山石缝隙处生长。萌芽、萌蘖力强。

[繁殖栽培] 播种、分株繁殖。自播繁殖能力强。

[常见病虫害] 主要有褐斑病、白粉病；蚜虫等。

[观赏特性] 枝叶繁茂独特，花色鲜黄美丽。优良的山地观赏灌木。

[园林应用] 可丛植、群植。常布置于岩石旁、路边及风景林地边缘，亦可作花篱或盆景材料。

锦鸡儿叶片

锦鸡儿枝条

锦鸡儿

花木蓝

学　名: *Indigofera kirilowii* Maxim. ex Palibin
别　名: 山绿豆，苦扫根
科　属: 豆科　木蓝属

花木蓝

花木蓝果实

[形态特征] 落叶小灌木。幼枝灰绿色，被白色"丁"字形毛；老枝灰褐色无毛，略有棱角。奇数羽状复叶互生，小叶对生，宽卵圆形，先端圆具小尖，基部圆形或宽楔形，两面被白色"丁"字形毛。腋生总状花序，花两性，蝶形花冠淡紫红色。荚果圆筒形，先端偏斜，具尖，熟时棕褐色，无毛。花期6～7月；果期8～10月。

[产地分布] 原产我国。东北、华北和华东地区均有分布栽培。

[生态习性] 喜光，耐阴。耐寒，耐热，耐干旱、瘠薄，耐盐碱，耐污染。喜土层深厚、肥沃的沙质壤土。

[繁殖栽培] 播种、分株繁殖。

[常见病虫害] 病害有白粉病、霜霉病等；虫害有蚜虫、豆天蛾等。

[观赏特性] 植株低矮，枝叶茂密，花序密集，花色淡红。良好的地被绿化植物。

[园林应用] 可片植、群植。应用于公园绿地、道路、风景区绿化，亦可作花境材料。因移栽成活率较低，绿化中应多使用容器苗。

胡枝子

学 名：*Lespedeza bicolor* Turcz.
别 名：二色胡枝子，扫条
科 属：豆科 胡枝子属

[形态特征] 落叶灌木。干皮黑褐色，浅纵裂，无毛。分枝细长而多，常拱垂，有棱脊，微有平伏毛；嫩枝黄褐色，疏生短柔毛。三出羽状复叶，互生，顶生小叶宽椭圆形或卵状椭圆形，先端钝圆；叶表疏生平伏毛，叶背灰绿色，毛略密。总状花序腋生，总花梗较叶长；花冠蝶形，紫红色，花萼密被灰白色平伏毛。荚果倒卵形，网脉明显，被柔毛。花期7～8月；果期9～10月。

[产地分布] 产自中国。分布于东北、西北、华北等地。

[生态习性] 喜光，稍耐阴。耐寒，耐干旱、瘠薄。适应性强，对土壤要求不严，喜肥沃土壤及湿润气候。生长迅速，萌芽力强，根系发达。

[繁殖栽培] 播种、分株繁殖。

[常见病虫害] 主要有叶枯病、白粉病、霜霉病；介壳虫、蚜虫等。

[观赏特性] 小枝细长而拱垂，叶色鲜绿，花色紫红，花朵密集。优良的夏秋观花灌木。

[园林应用] 风景林地绿化，适宜于自然式园林中。
　　承德地区多见于山地公园应用。

[同属常见植物]

多花胡枝子 》*L. floribunda*

　　植株低矮，枝条斜升，细弱，有柔毛，具条棱，暗褐色。叶倒卵形，较胡枝子小。花冠蝶形，紫红色，密集，多花。

胡枝子花序

胡枝子

多花胡枝子

多花胡枝子叶片

沙棘

学　名： *Hippophae rhamnoides* L.
别　名： 酸刺，醋柳
科　属： 胡颓子科　沙棘属

[形态特征] 落叶灌木。枝灰色，具粗壮棘刺，幼枝银白色，密被褐锈色鳞片。叶互生或近对生，条形或条状披针形，先端钝尖，全缘，两面密被银白色鳞片。花先叶开放，雌雄异株，短总状花序腋生于上一年枝上；花小，淡黄色。果实密集，圆球形，直径4～6mm，橙黄色或橘红色，经久不落。花期3～4月；果期9～10月。

[生态习性] 喜光，稍耐阴。耐低温，耐干旱、瘠薄，耐酷热，耐盐碱。对土壤要求不严，适应性强。生长快，分枝力强，固土抗风沙。

[产地分布] 产自我国。华北、西北及西南均有分布栽培。

[繁殖栽培] 播种、扦插、压条、分蘖繁殖，以播种为主。

[常见病虫害] 病害有锈病、干枯病、叶斑病等；虫害有蚜虫、木蠹蛾、天牛、介壳虫、卷叶虫等。

[观赏特性] 枝叶繁茂，淡蓝灰色，黄色花布满枝梢，橙黄色果缀满枝头。优良的观叶、观花、观果灌木。

[园林应用] 可群植、列植。适于道路、坡地、风景林地绿化，亦可作绿篱、色带、色块材料。

　　承德地区多应用于公路两侧绿化、护坡植被等。

沙棘果实

沙棘

沙棘叶片

红瑞木

学　名： *Cornus alba* L.
别　名： 凉子木，红梗木
科　属： 山茱萸科 梾木属

[形态特征] 落叶灌木。干直立丛生，老干暗红色，光滑无毛；枝条紫红色，稍被白粉，后脱落。单叶对生，椭圆形，稀卵圆形，先端渐尖，全缘；叶表暗绿色，叶背粉绿色，被白色贴生短柔毛。顶生伞房状聚伞花序，花两性，花小，花瓣舌形，乳白色。核果长圆形，微扁，花柱宿存，成熟时乳白色或蓝白色。花期5～6月；果期8～10月。

[产地分布] 产自我国。东北、华北、西北、华东等地多有分布栽培。

[生态习性] 半阴性树种。喜凉爽、湿润气候及半阴环境，较耐寒，耐旱，也能在湿热的环境中生长。喜肥沃、湿润、排水良好的沙壤土。耐修剪。

[繁殖栽培] 播种、扦插、压条、分株繁殖。

[常见病虫害] 病害主要有白粉病、茎腐病等；虫害主要有蚜虫、叶蝉、飞虱等。

[观赏特性] 枝干红艳，花密如雪，秋叶鲜红，小果洁白。良好的冬季观枝植物。

[园林应用] 可孤植、丛植、片植、群植。多丛植草坪上或与常绿乔木相间，呈红绿相映景观；若与金枝国槐配植，形成冬季红黄相间的景观效果。亦可作绿篱材料。

　　承德地区良好的观叶、花、枝干植物。

[同属常见植物]

黄瑞木 　 *C. sericea* 'Flaviramea'

枝干冬春金黄色，夏季黄绿色。多与红瑞木混植，增加冬季彩色效果。

红瑞木冬态

红瑞木花序

红瑞木果实

红瑞木

红瑞木秋态

连 翘

学 名：*Forsythia suspensa*（Thunb.）Vahl
别 名：寿丹，迎春花
科 属：木犀科 连翘属

连翘

连翘叶片

连翘花

'金叶'连翘

'金叶'连翘叶片

东北连翘叶片

[形态特征] 落叶灌木。干基部丛生，直立，干皮灰白色；枝条开展，拱形下垂；小枝黄褐色，稍有四棱，有凸起的皮孔，髓中空。单叶或3小叶，对生，卵形或椭圆状卵形，无毛，先端锐尖，基部圆形至宽楔形，缘有粗锯齿。花先叶开放，通常单生，稀3朵腋生，金黄色。蒴果狭卵圆形或长椭圆形，表面散生疣点。种子棕色。花期3～4月；果期7～9月。

[产地分布] 原产我国。现各地多有分布栽培。

[生态习性] 喜光，略耐阴，耐寒，耐干旱、贫瘠。喜生于阳坡地。对土壤要求不严，怕涝，最适宜深厚肥沃的钙质土壤。

[繁殖栽培] 以播种、分株、扦插、压条繁殖为主。

[常见病虫害] 病害有叶斑病、白粉病等；虫害有蜡蝉、桑白盾蚧、卷叶象、炫夜蛾等。

[观赏特性] 枝条拱形开展，早春先叶开花，满枝金黄，艳丽可爱。北方早春优良观花灌木。

[园林应用] 宜孤植、丛植或片植。在园林中常丛植于草坪、墙隅、岩石、假山下，也可栽植于宅旁、亭阶、篱下及路边，还可在溪边、池畔栽植。

承德地区重要的早春观花植物。

[同属常见植物]

东北连翘 > *F. mandshurica*

枝直立或斜上，小枝黄色，有棱，髓片状。

'金叶'连翘 > *F. koreana* 'Sun Gold'

枝干丛生，枝开展，小枝黄色，弯曲下垂。小叶金黄有光泽，在半阴或全阴条件下，叶片变为黄绿色或绿色。生长势较弱。

水 蜡

学　名：*Ligustrum obtusifolium* Sieb. et Zucc.
别　名：水蜡树
科　属：木犀科 女贞属

[形态特征] 落叶灌木。树冠圆球形；树皮暗黑色，多分枝，成拱形，幼枝具柔毛。单叶对生，纸质，叶椭圆形至长圆状倒卵形，全缘，背面或中脉具柔毛；叶柄长1～4mm，密被短柔毛。圆锥花序顶生，略下垂，长2～3.5cm；花白色，芳香，具短梗，萼具柔毛。核果黑色，椭圆形，稍被蜡状白粉。花期6～7月；果期8～9月。

[产地分布] 原产我国。现北方各地多有分布栽培。

[生态习性] 喜光，稍耐阴，耐寒，耐旱。适应性强，对土壤要求不严。生长快，萌芽力强。

[繁殖栽培] 多用播种、扦插繁殖。移植成活率高。

[常见病虫害] 有褐斑病、白粉病；介壳虫、白粉虱等。

[观赏特性] 叶色浓绿，有光泽。北方常用的观叶灌木。

[园林应用] 可丛植、片植、列植。常用于公园、庭院、草地和街道列植。由于耐修剪，多作造型树或绿篱应用。

　　目前是承德地区使用最多的绿篱材料。

[同属常见植物]

‘金叶’水蜡　　*L. obtusifolium* ‘Jinye’

　　小枝具短柔毛，嫩枝红色，横向生长枝条比较多，开张成拱形；叶薄革质，金黄色，椭圆形至倒卵状长圆形，无毛，顶端钝，基部楔形，全缘，边缘略向外反卷；叶柄有短柔毛。

水蜡果实

‘金叶’水蜡叶片

水蜡叶片

水蜡球

紫丁香

学　名：*Syringa oblata* Lindl.
别　名：丁香，华北紫丁香
科　属：木犀科　丁香属

紫丁香

紫丁香花序

[形态特征] 落叶灌木。干皮暗灰色，浅沟裂；枝条粗壮无毛。单叶对生，广卵形，通常宽度大于长度，宽5～10cm，先端尖锐，基部心形或楔形，全缘；叶表暗绿色，叶背色较淡。圆锥花序顶生或叶腋生，花两性；花萼钟状，有4齿；花冠堇紫色或淡粉红色，端4裂开展。蒴果长圆形，顶端尖，平滑。花期4～5月；果期8～9月。

[产地分布] 原产我国。全国各地多有分布栽培。

[生态习性] 喜光，耐半阴。耐寒，耐干旱、瘠薄。适应性较强，以排水良好、疏松的中性土壤为宜，忌水湿。

[繁殖栽培] 播种、压条和分株繁殖。

[常见病虫害] 病害有凋萎病、叶枯病、萎蔫病、病毒病；虫害有毛虫、刺蛾、潜叶蛾、介壳虫等。

[观赏特性] 姿态优雅，枝叶繁茂；花香浓郁，花序硕大，丰满秀丽。

[园林应用] 可孤植、丛植、群植。常植于路边、草坪或向阳坡地，也可与其他花灌木配植在林缘，亦可建丁香专类园或作花篱材料。

　　承德地区应用广泛的观花灌木。

[同属常见植物]

‘白’丁香　　*S. oblata* ‘Alba’

叶较小，背面有疏生茸毛。花白色，花序大。

'白'丁香

红丁香

红丁香叶片

红丁香 〉 *S. villosa*

枝直立,粗壮,灰褐色,有疣状突起;小枝淡灰棕色,无毛或被微茸毛,具皮孔。叶片椭圆形至长圆形,长5~18cm;叶表暗绿色,较皱,叶背被白粉,沿叶脉被柔毛。圆锥花序直立,顶生,密集;花芳香,紫红色至白色。

小叶丁香 〉 *S. microphylla*

幼枝灰褐色,被柔毛。叶卵圆形或椭圆状卵形,长1~4cm,全缘,缘具毛。圆锥花序紧密,侧生;花细小,淡紫红色。蒴果小,先端稍弯,有瘤状突起。花期春秋两季。

小叶丁香

小叶丁香花序

'金叶' 莸

学 名: *Caryopteris clandonensis* 'Worcester Gold'
科 属: 马鞭草科 莸属

[**形态特征**] 落叶小灌木。枝条圆柱形,灰白色。单叶对生,叶长卵形,长3～6cm;叶面光滑,鹅黄色,叶背具银色毛,叶先端尖,基部钝圆形,边缘有粗齿。聚伞花序腋生,花冠蓝紫色,高脚碟状腋生于枝条上部,自下而上开放。花期7～9月;果期9～10月。

[**产地分布**] 产自我国。适合在西北、东北、华北、华中地区栽培。

[**生态习性**] 喜光,耐半阴。耐干旱、瘠薄、耐热、耐寒,忌水湿,对土壤要求不严,适应性强。光照越充足,叶片越是金黄,若处于半阴环境下,叶片则呈淡黄绿色。

[**繁殖栽培**] 以播种、扦插繁殖。

[**常见病虫害**] 主要有茎腐病;蚜虫、介壳虫等。

[**观赏特性**] 蓝紫色花淡雅、清香,叶片金黄艳丽。点缀夏秋景色,良好的观花、观叶灌木树种。

[**园林用途**] 可列植和片植。在园林绿化中可作为地被植物及绿篱材料。

承德地区重要的黄色绿篱植物。

[**同属常见植物**]

莸 > *C. incana*

又名兰香草,落叶小灌木。小枝有向下的白色柔毛。单叶对生,灰绿色,广卵圆形,先端钝圆或稍尖,基部阔楔形或截形,缘具粗圆锯齿,两面有短柔毛和金黄色的细腺点。花蓝紫色,单生于叶腋。蒴果。花期4月。

莸花序

'金叶' 莸

荆 条

学 名： *Vitex negundo* var. *heterophylla* Rehd.
别 名： 牡荆，黄荆柴
科 属： 马鞭草科 牡荆属

[形态特征] 落叶灌木。小枝四棱，密生灰白色茸毛。叶对生，具长柄，5～7出掌状复叶，小叶椭圆状卵形至披针形，先端锐尖，缘具切裂状锯齿或羽状裂，背面灰白色，被柔毛。圆锥花序或聚伞花序顶生，花萼钟状，具5齿裂，宿存；花冠蓝紫色，稀白色，二唇形。核果球形或倒卵形，黑色。花期6～8月；果期9～10月。

[产地分布] 产于我国。分布于东北、华北、西北、华中、西南等地。

[生态习性] 喜光，耐干旱、瘠薄，耐严寒，适应性强，对土壤要求不严。

[繁殖栽培] 播种、分株繁殖。

[常见病虫害] 主要有白粉病；蚜虫等。

[观赏特性] 枝叶密集，叶型美观，枝条柔软，花香清雅。优良的水土保持、观花灌木。

[园林应用] 可丛植、群植。适于山地公园、风景区绿化。常用于坡地、岩石旁、林下种植，亦可作盆景材料。我国北方典型的乡土植物。

　　承德地区多见于山体公园应用。

荆条叶片

荆条花序

荆条

枸杞

学　名： *Lycium chinense* Mill.
别　名： 枸杞菜，狗奶子
科　属： 茄科　枸杞属

枸杞花

枸杞果实

[形态特征] 多分枝灌木。枝条细弱，弯曲下垂，淡灰色，有纵条裂，具针状棘刺。单叶互生或2~4枚簇生，薄纸质，卵形至卵状披针形，顶端急尖，基部楔形，全缘。花两性，在长枝上单生或双生于叶腋，在短枝上则同叶簇生；花冠漏斗状，淡紫色。浆果红色，卵状或矩圆形，顶尖或凹下。花果期6~10月。

[产地分布] 产自我国。全国各地多有分布栽培。

[生态习性] 喜光，稍耐阴，耐寒，耐干旱、瘠薄、耐盐碱，忌水渍。对土壤要求不严，以肥沃、排水良好的中性或微酸性沙质壤土为宜。

[繁殖栽培] 播种、分株、压条或扦插繁殖。

[常见病虫害] 病害有黑果病、白粉病、灰斑病等；虫害有蚜虫、瘿螨、潜叶蝇等。

[观赏特性] 花朵紫色，花期长。红果累累，缀满枝头，宛若珊瑚，颇为美丽。集观叶、观花、观果于一体的优良灌木。

[园林应用] 可孤植、丛植于池畔、台地、山石旁，也可在庭院、绿地中应用，自成一景。

　　在承德地区多作庭院点缀栽植。

金银木

学　名： *Lonicera maackii* (Rupr.) Maxim.
别　名： 金银忍冬，鸡骨头
科　属： 忍冬科 忍冬属

[形态特征] 落叶灌木。干皮灰白或暗灰，有不规则纵裂；小枝开展，幼枝有柔毛，髓心中空。单叶对生，圆形或椭圆状卵形，顶端急渐尖，基部楔形至圆形，全缘，两面疏生柔毛。花成对腋生，花序总梗较叶柄短，苞片线形；萼筒钟状，中部以上齿裂；花先白后变黄色，芳香，内外都有柔毛。浆果红色，球形，合生，经久不落。花期5~6月；果期9~10月。

[产地分布] 产自我国。东北、华北、华东、华中及西北东部、西南北部多有分布栽培。

[生态习性] 喜光，稍耐阴。耐寒，耐干旱、瘠薄。喜湿润、肥沃及深厚沙质土壤。

[繁殖栽培] 播种、扦插、分株繁殖。

[常见病虫害] 主要有蚜虫、桑刺尺蛾等。

[观赏特性] 春末夏初繁花满树，黄白相映，芳香四溢；秋后红果满枝，晶莹剔透，鲜艳夺目。良好的观花、观果树种。

[园林应用] 可孤植、丛植、片植，常植于绿地草坪、山坡、林缘、路边或点缀于建筑周围。

　　承德地区常见的观花、观果植物。

金银木花序

金银木

金银木果实

鸡树条荚蒾

学 名： *Viburnum sargentii* Koehne
别 名： 天目琼花，佛头花
科 属： 忍冬科 荚蒾属

鸡树条荚蒾

鸡树条荚蒾果实

鸡树条荚蒾叶片

鸡树条荚蒾花序

[形态特征] 落叶灌木。老枝暗灰色，浅纵裂，略带木栓；小枝有明显皮孔。单叶对生，宽卵形至卵圆形，3裂，裂片边缘具不规则的锯齿，掌状3出脉，叶片似鸡爪。复聚伞形花序，顶生，边缘有大型不孕花，中间为两性花；花冠乳白色，辐状。浆果状核果近球形，鲜红色。种子圆形，扁平。花期5～6月；果期9～10月。

[产地分布] 原产我国。东北、华北、西北至长江流域多有分布栽培。

[生态习性] 喜光，耐半阴。耐寒，耐旱。对土壤要求不严。喜湿润、凉爽气候。根系发达。

[繁殖栽培] 播种、分株和扦插繁殖。种子需作催芽处理。

[常见病虫害] 病害有叶枯病、叶斑病等；虫害有叶蝉、蚜虫、红蜘蛛等。

[观赏特性] 树态清秀，叶形美丽，花开似雪，果赤如丹。良好的观花、观果灌木树种。

[园林应用] 可孤植、丛植、片植，宜在公园绿地、建筑物四周、草坪、路边、假山旁配植应用。

承德地区值得推广的优良观花灌木。

[同属常见植物]

雾灵琼花 》 *V. sargentii f. grandiflorum*

又称大花鸡树条荚蒾，花为复伞房花序，花序较大，花序直径为13～18cm，花全部为不孕花，无结实能力；花乳白色，初开时略带黄绿色，近凋落时带粉晕。

本种为原承德市园林处1987年于兴隆县雾灵山发现并引种。经原承德市园林处与沈阳农业大学合作，成功培育，栽培推广。优良的观花植物。

雾灵琼花

雾灵琼花叶片

雾灵琼花花序

雾灵琼花

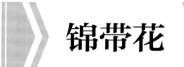

锦带花

学 名： *Weigela florida*（Bunge）A.DC.
别 名： 花秸子
科 属： 忍冬科 锦带花属

锦带花

锦带花花序

[形态特征] 落叶直立灌木。干皮灰色，枝条开展；幼枝有柔毛，后脱落，近方形。单叶对生，具短柄，叶片椭圆形或卵状椭圆形，先端渐尖，基部圆形，边缘有锯齿；叶面深绿色，脉上有短柔毛或茸毛，背面浅绿色，被密柔毛。腋生或顶生聚伞花序，由2～4朵组成；花两性，花冠漏斗状钟形，淡粉红色至玫瑰红色。蒴果长圆柱状，先端具喙，熟时两瓣裂。花期4～6月；果期9～10月。

[产地分布] 原产我国。全国各地多有分布栽培。

[生态习性] 喜光，稍耐阴。耐旱，耐寒。对土壤要求不严，耐瘠薄，以深厚、湿润、腐殖质丰富的土壤生长为宜，怕水涝。萌芽力强，生长迅速。

[繁殖栽培] 以扦插、压条、分株繁殖为主，亦可播种。

[常见病虫害] 病害主要有锈病、褐斑病等；虫害有蚜虫、红蜘蛛等。

[观赏特性] 枝叶茂密，花色艳丽，花期长。北方良好的初夏观花灌木。

[园林应用] 可孤植、丛植、群植。适宜庭院、墙隅、湖畔、树丛、林缘、绿地配植，亦可盆栽或作花篱材料。
　　承德地区优良的乡土观花植物。

[同种常见品种]

▶ **'红王子'锦带** *W. florida* 'Red Prince'

株型矮，紧密，花深红色，极其繁茂。生长期开花不断。

承德地区重要的观花树种。

▶ **'金叶'锦带** *W. florida* 'Aurea'

新生叶金黄色，后变为黄绿色，庇荫环境下叶色变绿。花鲜红色。

'红王子'锦带

'金叶'锦带叶片和花序

'红王子'锦带花序

'金叶'锦带

山荞麦

学 名： *Polygomun aubertii* L. Henry
别 名： 木藤蓼，花蓼
科 属： 蓼科 蓼属

[**形态特征**] 落叶半木质藤本。地下具粗大根状茎，地上茎实心，褐色无毛，具分枝，披散或缠绕。单叶簇生或互生，卵形至卵状长椭圆形，先端锐尖，基部戟形，缘具波状，两面无毛，绿色纸质。花单生，小而密集，白色或绿白色；细长侧生圆锥花序，花序轴稍有鳞状柔毛，花梗细，下部具关节。瘦果卵状三棱形，黑褐色，包于花被内。花期8～10月；果期10～11月。

[**产地分布**] 产自我国。全国各地多有分布栽培。

[**生态习性**] 喜光，稍耐阴。耐寒，耐干旱、瘠薄，适应性强，抗污染力强。

[**繁殖栽培**] 播种、扦插、分根繁殖。

[**观赏特性**] 叶色翠绿浓密，花朵繁茂雪白，芳香四溢，花果优美。

[**园林应用**] 宜作篱垣、阳台、绿廊、花架、凉棚等垂直绿化。

山荞麦叶片

山荞麦

北五味子

学 名：*Schisandra chinensis* (Turcz.)Baill.
别 名：山花椒，五味子
科 属：木兰科 北五味子属

[形态特征] 落叶木质缠绕藤本。树皮灰褐色，小枝褐色，稍有棱，全株近似无毛。单叶互生，老枝上簇生，幼枝上互生；叶倒卵形或椭圆形，先端急尖或渐尖，叶缘疏生细齿，叶表有光泽，叶背淡绿色。花单性，雌雄同株或异株，乳白色或带粉红色，芳香。浆果球形，肉质，成熟时呈深红色，组成穗状聚合果。花期5～6月；果期8～9月。

[产地分布] 产自我国。分布于东北、华北、华中、华南、西北等地。

[生态习性] 喜光，耐半阴。耐寒性强。喜湿润、肥沃的土壤。野生常缠绕他树而生，多生于阴坡。

[繁殖栽培] 播种、压条、扦插繁殖。以种子繁殖为主。

[常见病虫害] 病害有黑斑病、白粉病、根腐病、叶枯病等；虫害有介壳虫、沫蝉、金龟子等。

[观赏特性] 枝条优美，果实成串，鲜红美丽，观赏价值高。

[园林应用] 利用缠绕性作垂直绿化。适于树桩、假山及架廊应用，也可盆栽或庭院栽植观赏。

北五味子叶片

北五味子

短尾铁线莲

学　名: *Clematis brevicaudata* DC.
别　名: 林地铁线莲
科　属: 毛茛科　铁线莲属

短尾铁线莲

短尾铁线莲花序

短尾铁线莲叶片

[形态特征] 落叶木质藤本。老茎有剥离的纵长表皮,枝有纵条纹,略带紫褐色,疏生短柔毛。叶对生,二回三出或羽状复叶,小叶卵形至披针形,先端渐尖或长渐尖,基部圆形、微心形,边缘疏生粗锯齿,有时3裂,近无毛。圆锥状聚伞花序腋生或顶生;花白色或淡黄色;萼片4,狭倒卵形,表面毛较稀疏,下面有白毛,边缘毛密;无花瓣。瘦果宽卵形,压扁,浅褐色。花期7~8月;果期9~10月。

[产地分布] 产于我国。东北、华北、华中等地多有分布栽培。

[生态习性] 耐阴,耐寒性强。喜肥沃、排水良好的壤土。忌积水或夏季干旱而不能保水的土壤。

[繁殖栽培] 播种、扦插繁殖为主,亦可分株。

[常见病虫害] 病害有枯萎病、粉霉病、病毒病等;虫害有红蜘蛛、刺蛾等。

[观赏特性] 枝叶扶疏,花色清雅,风趣独特。

[园林应用] 可植于墙边、窗前,或依附于乔、灌木之旁,配植于假山、岩石之间,攀附于花柱、花门、篱笆之上,也可盆栽观赏。

[同属常见植物]

粗齿铁线莲 《 *C. argentilucida*

又称银色铁线莲、木通。羽状复叶，边缘有牙齿状粗锯齿，叶表暗绿色，叶背淡绿色。叶柄短，被白绢毛。

羽叶铁线莲

一回羽状复叶，小叶5，叶长椭圆形，边缘有粗齿或3浅裂，基部圆心形或稍偏斜。花大筒状。

粗齿铁线莲花序

羽叶铁线莲叶片

狗枣猕猴桃 》

学　名：*Actinidia kolomikta* Maxim.
别　名：狗枣子
科　属：猕猴桃科 猕猴桃属

狗枣猕猴桃花

狗枣猕猴桃果实

狗枣猕猴桃

狗枣猕猴桃叶片

[形态特征] 落叶木质缠绕藤本。树皮暗褐色；小枝无皮孔，髓片状，褐色。叶卵形或椭圆状卵形，互生；叶背沿脉疏生灰褐色短毛，脉腋密生柔毛，叶片中部以上常有黄白色或紫红色斑。花雌雄异株或杂性，雄花通常3朵组成聚伞花序；雌花（两性花）单生，常白色，有时粉红色。浆果暗绿色，光滑，长椭圆形或球形，无斑，具宿存萼片。花期5～6月；果期9～10月。

[产地分布] 产自我国。分布于东北、华北、西北、华南等地。

[生态习性] 喜光，耐半阴。耐寒，抗旱，适应性强。适生于疏松、肥沃、排水良好的土壤。

[繁殖栽培] 播种、分株、扦插繁殖。

[常见病虫害] 病害有炭疽病、花腐病、根腐病、果实软腐病等；虫害有桑白盾蚧、叶蝉、吸果夜蛾等。

[观赏特性] 枝叶茂密，叶片圆大，花先白后黄，叶茂花香。良好的棚架观赏树种。

[园林应用] 可应用于公园绿地、庭院及风景林地。攀附于树木及山地岩石，也可绿化棚架。
　　承德中南部应用。

多花蔷薇

学　名: *Rosa multiflora* Thunb.
别　名: 野蔷薇
科　属: 蔷薇科 蔷薇属

[形态特征] 落叶灌木。茎长，偃伏或攀援，茎枝具扁平皮刺。奇数羽状复叶互生，小叶5~9枚，长圆形或倒卵状圆形，叶先端渐尖，缘具锐齿；叶表绿色有疏毛，叶背密被灰白茸毛，托叶下具刺。花多朵并密集，圆锥状伞房花序顶生，单瓣或半重瓣，白色或略带粉晕，略有芳香。萼片花后反折。蔷薇果近球形，熟时褐红色，萼脱落。花期5~6月；果期10~11月。

[产地分布] 原产我国。华北、华东、华中、华南、西南多有分布栽培。

[生态习性] 喜阳光充足环境，略耐阴。耐寒，耐干旱，不耐积水。对土壤要求不严，以肥沃、疏松的微酸性土壤最好，能在黏重土壤中正常生长。

[繁殖栽培] 播种、扦插、分根、压条繁殖。

[常见病虫害] 病害有白粉病、黑斑病等；虫害有蚜虫、刺蛾等。

[观赏特性] 疏条纤枝，横斜披展，叶茂花繁，色香四溢。良好的春夏观花植物。

[园林应用] 适于小花架、矮粉墙、门侧、假山、石壁的垂直绿化，坡地丛栽颇有野趣。

多花蔷薇花序

多花蔷薇

南蛇藤

学 名： *Celastrus orbiculatus* Thunb.
别 名： 大南蛇，穿山龙
科 属： 卫矛科 南蛇藤属

南蛇藤

南蛇藤叶片

南蛇藤果实

[形态特征] 落叶木质缠绕藤本。小枝圆柱形，红褐色或暗褐色，有多数皮孔，大且隆起。单叶互生，近圆形或阔椭圆状倒卵形，长6～10cm，先端钝尖或短尖，基部广楔形或近圆形，边缘具钝锯齿。花杂性，常雌雄异株，腋生聚伞花序或顶生圆锥花序，有花3～7朵，花黄绿色。蒴果球形，鲜黄色，外包红色肉质假种皮。花期5～6月，果期9～10月。

[产地分布] 原产我国。分布于东北、华北、西北至长江流域。

[生态习性] 喜光，稍耐阴。耐寒，耐旱，适应性强。在土壤肥沃、排水良好的湿润环境生长良好。

[繁殖栽培] 播种、扦插、压条繁殖。种子需层积沙藏处理。

[常见病虫害] 主要有红蜘蛛、蚜虫、介壳虫等。

[观赏特性] 秋季叶色经霜变红或黄，美丽壮观；鲜黄色的果实开裂后露出鲜红色的假种皮，宛如颗颗宝石，颇为美观。

[园林应用] 宜布置于湖畔、溪边、坡地、林缘及假山、山石等处，也可作棚架及地被绿化。果枝可作插花材料。

地 锦

学 名: *Parthenocissus tricuspidata* (Sieb.et Zucc.) Planch.
别 名: 爬山虎，三叶地锦
科 属: 葡萄科 爬山虎（地锦）属

[**形态特征**] 落叶攀援木质藤本。枝条粗壮无毛；卷须短而多分枝，顶端有吸盘。单叶互生，在短枝端两叶呈对生状，宽卵形；幼叶全缘，老叶常3裂，基部心形，叶缘有粗锯齿；叶表无毛，叶背脉上有柔毛，秋叶变红色或红紫色。聚伞花序通常生于短枝顶端的两叶之间，花淡黄绿色。浆果球形，紫黑色，被蜡粉。花期5～6月；果期9～10月。

[**产地分布**] 产自我国。全国各地多有分布栽培。

[**生态习性**] 喜阴。耐寒性较强，畏强光，喜湿，耐干旱、瘠薄。对土壤及气候适应能力强，生长快，对氯气抗性强。

[**繁殖栽培**] 播种、扦插、压条繁殖。以扦插为主。

[**观赏特性**] 枝繁叶茂，层层密布，叶初鲜绿色，入秋变红，格外美观。良好的立面攀援植物。

[**园林应用**] 适于遮蔽山体、墙壁、假山及老树干等垂直绿化，也可作地被材料。抗污染能力强，多用于工矿、厂房绿化。

　　承德地区中南部小环境有应用。

地锦叶片

地锦

美国地锦

美国地锦秋叶、果实

美国地锦叶片

[同属常见植物]

美国地锦 〉 *P. quinquefolia*

又称五叶地锦。幼枝带紫红色，卷须与叶对生，顶端吸盘大，掌状复叶，具长柄，小叶5，质较厚，卵状长椭圆形或倒长卵形，长4～10cm，缘具大齿，上面暗绿色，下面稍具白粉并有毛，叶片较地锦大。聚伞花序集成圆锥状。

承德地区应用广泛的攀援植物。

山葡萄

学 名: *Vitis amurensis* Rupr.
别 名: 乌苏里葡萄, 阿穆尔葡萄
科 属: 葡萄科 葡萄属

[形态特征] 落叶木质攀援藤本。枝粗壮，有不明显茸毛；小枝红色，幼枝初具细毛，后脱落无毛。单叶互生，宽卵形，3～5裂或不裂，缘具粗锯齿；叶表深绿色，无毛，叶背淡绿色，脉腋间有短毛，秋叶常变红。雌雄异株，圆锥花序与叶对生，花小而多，黄绿色。浆果球形，黑紫色，被白粉。花期5～6月；果期8～9月。

[产地分布] 原产我国。分布于东北、华北及西北等地。

[生态习性] 喜光，稍耐阴。耐寒，抗干旱，耐盐碱。适应性强，对土壤要求不严。易移植，耐修剪。

[繁殖栽培] 以扦插、压条为主，也可种子繁殖。

[常见病虫害] 病害有叶斑病、霜霉病等；虫害有蚜虫、金龟子等。

[观赏特性] 叶大荫浓，秋叶红艳，黑紫色果实掩映在红艳可爱的秋叶之中，甚为美观。优良的观叶、观果园林棚架植物。

[园林应用] 可用于公园绿地、庭院、风景区的棚架、假山、山石垂直绿化。

承德僧冠峰景区应用山葡萄作架廊绿化，效果良好，值得大力推广应用。

山葡萄花序

山葡萄果实

山葡萄

葡萄

葡萄叶片

[同属常见植物]

葡 萄 〉 *V. vinifera*

茎皮红褐色，老时条状脱落；小枝光滑，幼时有柔毛。叶互生，近圆形，3～5掌状裂，缘具粗齿，两面无毛或背面有短柔毛。花小，黄绿色，圆锥花序大而长。浆果大，圆球形或椭圆形，熟时黄绿色或紫红色，被白粉。习性、用途与山葡萄相同。

承德地区需防寒越冬。

三叶白蔹

学 名： *Ampelopsis humulifolia* var. *trisecta* Nakai
科 属： 葡萄科 蛇葡萄属

[形态特征] 落叶木质攀援藤本。幼枝淡紫色，枝条具棱线，无毛。卷须与叶对生，卷须分叉。叶互生，3全裂，侧裂片斜卵形，常成不同的2深裂或中裂，顶生裂片广菱形，边缘有粗锯齿；表面深绿色，背面稍淡，疏生短柔毛。聚伞花序与叶对生，花绿黄色。浆果球形，成熟时白色，有斑点。花期6～7月；果期8～9月。

[产地分布] 产自我国。东北、华北均有分布栽培。

[生长习性] 喜光，稍耐阴。耐寒，耐干旱、瘠薄。喜湿润环境及肥沃土壤。抗性强。

[繁殖栽培] 播种或分根繁殖。

[常见病虫害] 病害有叶斑病，霜霉病；虫害有蚜虫等。

[园林应用] 适于园林绿地、庭院及风景区假山、棚架、篱垣、林缘地带绿化。良好的棚架植物。

　　承德地区重要的攀援植物。

[同属常见植物]

白 蔹 · *A. japonica*

　　幼枝淡紫色，掌状复叶，互生，多数为掌状3全裂，少5全裂；中间小叶又成羽状复叶状，两侧小叶羽状裂，叶两面均无毛。浆果球形或扁球形，熟时蓝色或白色，有凹点。

乌头叶蛇葡萄 · *A. aconitifolia*

　　小叶常3～5羽状分裂，披针形或菱状披针形，长4～9cm；中央小叶羽裂深达中脉，裂片边缘具少数粗齿，无毛或背脉幼时有毛。浆果近球形，橙红色。

三叶白蔹叶片

三叶白蔹果实

三叶白蔹

白蔹

观赏葫芦

学　名: *Lagenaria siceraria* var. *microcarpa* (Naud.) Hara
别　名: 小葫芦
科　属: 葫芦科 葫芦属

观赏葫芦

观赏葫芦花

[**形态特征**] 一年生攀援草本。根系不发达，茎蔓生，密被黏毛，卷须分2叉。叶互生，大型心状卵形或肾圆形，不分裂或稍浅裂，边缘具小尖齿，两面均被柔毛。雌雄同株异花，花梗长，花单生，白色；雄花花托漏斗状，花萼裂片披针形；花冠裂片皱波状，被柔毛或黏毛。瓠果中部缢细，形状各异，熟后果皮木质。种子白色。花期6～7月；果期8～9月。

[**产地分布**] 原产欧亚。现全国各地均有栽培。

[**生态习性**] 稍耐寒。喜温暖、湿润、阳光充足的环境及肥沃、排水良好的土壤。

[**繁殖栽培**] 播种、嫁接繁殖。

[**常见病虫害**] 病害有枯萎病、炭疽病等；虫害有瓜蚜、瓜蝇、夜蛾等。

[**观赏特性**] 叶大荫浓，果实形状各异，姿态优美。良好的观果植物。

[**园林应用**] 用于居住区、观光园区和游览景区等垂直、棚架绿化。

萝藦

学 名： *Metaplexis japonica* (Thunb.) Makino
科 属： 萝藦科 萝藦属

[**形态特征**] 多年生缠绕草本。根状茎，蔓生，具乳汁；圆柱形，下部木质化，上部较韧，幼时密生细柔毛，老时脱落。叶对生，宽卵形至长卵形，全缘，先端短渐尖，基部心形，叶面绿色，叶背粉绿色。总状聚伞花序，叶生或叶外生，花多朵；萼5深裂，裂片狭披针形，绿色有缘毛；花冠钟状，白色带淡紫红色斑纹，裂片内有毛，先端反卷。蓇葖果双生，纺锤形，表面有瘤状突起；种子扁平卵形，边缘有窄翅，顶端具白毛。花期6～8月；果期7～9月。

[**产地分布**] 原产我国。东北、华北、西北、华东、西南多有分布栽培。

[**生态习性**] 喜光，耐阴。耐寒，耐干旱、瘠薄。对土壤要求不严，喜深厚肥沃土壤。

[**繁殖栽培**] 播种繁殖，自播繁衍能力强。

[**常见病虫害**] 病害有白粉病、锈病、腐烂病等；害虫有蚜虫、斑潜蝇等。

[**观赏特性**] 夏季花色艳丽，秋季果形优美。

[**园林应用**] 可作小庭院及居室窗前、小型棚架、篱垣绿化，也可作地被栽植。

萝藦果实

萝藦花序

杠　柳

学　名： *Periploca sepium* Bunge
别　名： 羊奶条，北五加皮
科　属： 萝藦科　杠柳属

[形态特征] 落叶木质缠绕藤本。除花外，全株无毛，枝叶具白乳汁，茎皮灰褐色；小枝有细条纹，具皮孔。单叶对生，叶片稍革质，卵状披针形或长圆形，全缘。花较大，数朵腋生成聚伞花序，花冠紫红色。蓇葖果双生，圆柱状。花期5～6月；果期7～9月。

[产地分布] 原产我国。分布于东北、华北、西北、华东及西南等地。

[生态习性] 喜光，稍耐阴。耐寒，耐干旱、瘠薄，适应性强。

[繁殖栽培] 播种、压条、扦插繁殖。以扦插为主。

[观赏特性] 茎叶光滑无毛，花紫红，观赏效果好。

[园林应用] 宜作园林绿地、庭院及风景区的假山、棚架、篱垣、木桩、林缘地带垂直绿化，亦可作地被材料。

杠柳叶片

杠柳

牵 牛

学 名：*Pharbitis nil* (Linn.) Choisy
别 名：牵牛花，喇叭花
科 属：旋花科 牵牛属

牵牛

牵牛花

[形态特征] 一年生或多年生缠绕草本。全株被硬毛；茎缠绕，多分枝。叶互生，大型，具长柄，宽卵形或近圆形，深或浅3裂，偶5裂，叶面或疏或密被微硬的柔毛。花序腋生，总花梗长，于花梗顶部聚生2～3朵花；花冠漏斗状，蓝紫色或紫红色，花冠管色淡。蒴果近球形，3瓣裂。种子卵状三棱形，黑褐色或米黄色，被褐色短茸毛。花期6～9月；果期7～10月。

[产地分布] 原产我国东北。各地广泛分布栽培。

[生态习性] 喜光，亦耐阴。耐寒，耐干旱、瘠薄，耐盐碱。性强健，喜气候温和、光照充足、通风良好的环境，对土壤适应性强。

[繁殖栽培] 播种繁殖，多自播繁衍。因具有直根特性，最好直播或尽早移苗，大苗不耐移植。

[常见病虫害] 病害有白粉病、锈病、猝倒病、腐烂病等；害虫有蚜虫、红蜘蛛、菜青虫、斑潜蝇等。

[观赏特性] 夏秋季蔓性草花，花大，色彩多样，鲜艳美丽。

[园林应用] 可作小庭院及居室窗前、小型棚架、篱垣绿化，也可作地被栽植。

[同属常见植物] 裂叶牵牛、大花牵牛、圆叶牵牛等。

茑 萝

学　名：*Quamoclit pennata* (Desy.)
别　名：羽叶茑萝
科　属：旋花科 茑萝属

[形态特征] 一年生缠绕草本。茎无毛。叶互生，羽状深裂，裂片条形，顶端具长锐尖，叶柄长8～40cm。聚伞花序腋生，具1～3朵花；花柄粗壮，较叶柄长，萼片5，椭圆形；花冠高脚碟状，深红色，无毛。蒴果卵形，4瓣裂，种子卵状长圆形，黑褐色。花期6～9月；果期8～10月。

[产地分布] 原产南美。全国各地多有栽培。

[生态习性] 喜阳光充足、温暖湿润环境，耐旱，抗逆性较强。对土壤要求不严。直根性。

[繁殖栽培] 播种繁殖，多自播繁衍。

[观赏特性] 初夏至深秋，茎叶秀美，花姿玲珑，花期长。

[园林应用] 宜用于藤架、柱廊、篱棚、山石及浅色墙体垂直绿化，多垂细绳供缠绕，甚美。
承德地区居住区常有应用。

茑萝花

茑萝

美国凌霄 >

学 名: *Campsis radicans* (L.) Seem.
别 名: 凌霄花
科 属: 紫葳科 凌霄属

[**形态特征**] 落叶木质攀援藤本，借气根攀附于物体上。茎皮灰黄褐色，具细条状纵裂；小枝紫褐色。奇数羽状复叶对生，椭圆形至卵状长圆形，缘具粗锯齿，叶轴及叶背均生短柔毛。顶生聚伞圆锥状花序，花大，漏斗状钟形，外面橘红色，裂片鲜红色。蒴果长如豆荚，种子多数，扁平，有透明的翅。花期6～8月；果期9～10月。

[**产地分布**] 产自北美。各地多有栽培。

[**生态习性**] 喜光，略耐阴。较耐寒，较耐水湿，亦耐干旱。喜温暖湿润气候，要求排水良好、肥沃湿润的土壤，有一定的耐盐碱能力。萌芽力、萌蘖力均强。

[**繁殖栽培**] 播种、扦插、压条及分蘖繁殖。以扦插、压条为主。

[**常见病虫害**] 病害有叶斑病、白粉病等；虫害有蚜虫、粉虱和介壳虫等。

[**观赏特性**] 枝叶繁茂，红花绿叶，花期长，花朵鲜艳夺目。

[**园林应用**] 常用于假山、篱垣、花架、凉棚、树桩等垂直绿化。

承德地区中南部小环境应用。

美国凌霄花序

美国凌霄

金银花

学　名：*Lonicera japonica* Thunb.
别　名：忍冬，金银藤
科　属：忍冬科　忍冬属

金银花

金银花果实

金银花花序

[形态特征] 半常绿木质缠绕藤本。枝细长中空，皮棕褐色，条状剥落，幼枝密被短柔毛。单叶对生，卵形或椭圆状卵形，先端短渐尖至钝，基部圆形或近心形，全缘；叶面深绿色，叶背略红色，幼时两面具柔毛，老后光滑。花成对腋生，具总梗，密被柔毛或线毛，花冠二唇形；上唇四裂而直立，下唇反转；花初开白色略带紫晕，后转黄色，芳香。浆果球形，离生，黑色。花期5～7月；果期8～10月。

[产地分布] 产自我国。全国各地多有分布栽培。

[生态习性] 喜光，耐半阴。较耐寒，耐干旱及水湿。对土壤要求不严，酸碱性土壤上均能生长。性强健，适应性强，根系发达，萌蘖力强。

[繁殖栽培] 播种、扦插、压条、分株繁殖。

[常见病虫害] 病害有白粉病、褐斑病等；虫害有尺蠖、中华忍冬圆尾蚜、白啄木虫等。

[观赏特性] 植株轻盈，藤蔓缠绕，花期长，芳香，冬叶微红，花叶俱美。著名的庭院夏景花卉。

[园林应用] 宜作篱垣、阳台、绿廊、花架、凉棚等垂直绿化，或附在山石、沟边、山坡作地被，亦可盆栽或老桩作盆景。

　　承德中南部小气候环境应用。

[同属其它植物]

台儿蔓忍冬　*L. × tellmanniana*

　　美国引进。杂交种。单叶对生，每一条主侧枝顶端的1～2对叶都合生成盘状。顶部一对盘状叶的上方由3～4轮花组成穗状花序，花筒状，红色。花期达半年以上。

　　承德中南部小环境应用。

黄槽竹

学 名： *Phyllostachys aureosulcata* McClure
科 属： 禾本科 刚竹属

[形态特征] 秆高3～5m，径3～5cm，幼秆被白粉及柔毛，毛脱落后手触秆表面微觉粗糙；秆绿色或黄绿色而纵槽为黄色；秆环、箨环均隆起。箨鞘质地较薄，紫绿色常有淡黄色纵条纹，背部有毛，常具稀疏小斑点，被薄白粉，上部纵脉明显隆起；箨耳淡黄带紫或紫褐色，常镰形，与箨叶明显相连，边缘生缘毛；箨舌宽，弧形，紫色，有短于其本身的白短纤毛；箨片三角形至三角状披针形，直立或开展，或在秆下部的箨鞘上外翻，平直或有时呈波状。

[产地分布] 原产我国。华北地区多有分布栽培。

[生态习性] 耐阴，耐寒，耐旱，抗瘠薄。喜湿润、温暖环境，喜深厚、肥沃、湿润、排水良好的沙质壤土。

[繁殖栽培] 可分株、压条繁殖。移栽竹类要带好土坨，不得缺水，否则萎蔫后难以恢复生长势。

[常见病虫害] 主要有竹节虫、竹斑蛾、介壳虫等。

[园林应用] 秆色优美，秀丽可爱。可点缀园林或在风景区大面积种植，营造"曲径通幽"的意境。

　　承德中南部地区宜应用于背风向阳处，稍加防护即可越冬。

黄槽竹

早园竹

学　名： *Phyllostachys propinqua* McClure
别　名： 早竹，雷竹
科　属： 禾本科　刚竹属

早园竹

早园竹叶片

[形态特征] 秆节间绿色，新秆被厚白粉，或有时仅节下有白粉环，秆环与箨环均中度隆起。箨鞘褐绿色或淡黑褐色，初具白粉；箨舌弧形，两侧不下沿，淡褐色，有白色细短纤毛；箨叶长矛形至带形，反转，皱褶。叶鞘无叶耳，叶舌中度发达，叶片宽2～3cm。笋期4～5月。

[产地分布] 原产我国。江苏、浙江、上海、安徽、福建、北京地区习见栽培。

[生态习性] 喜光，耐半阴。较耐寒。适应性强，喜温暖湿润气候，对土壤要求不严，以湿润、肥沃土壤生长最好。

[繁殖栽培] 分株或竹鞭繁殖。

[常见病虫害] 主要有蚜虫、介壳虫、竹壳虫等。

[园林应用] 植株挺拔隽秀，姿态优美。园林中常成片配置，形成闭合幽曲的景区。也可和湖石、假山及其他观赏景观配植成小品，亦可于亭、廊、轩、榭旁作点景栽植。

承德地区宜栽在背风向阳处，稍加防护即可越冬。

荚果蕨

学名： *Matteuccia struthiopteris* (L.) Todaro
别名： 野鸡膀子
科属： 球子蕨科 荚果蕨属

[**形态特征**] 多年生草本。植株高1m。根状茎短而直立，被棕色膜质披针形鳞片。叶二型，丛生成莲座状。营养叶的柄长10～20cm，深棕色，上面有1深纵沟，基部尖削，密被鳞片；叶片为披针形、倒披针形或长椭圆形，长30～90cm，宽15～25 cm，二回羽状深裂；羽片40～60对，互生，无柄，线状披针形至三角状耳形，裂片长圆形，先端钝，边缘有波状圆齿或两侧基部全缘；叶脉羽状，分离。叶草质，羽轴和主脉多少被有柔毛。孢子叶的叶片为狭倒披针形，一回羽状，羽片两侧向背面反卷成荚果状，深褐色。叶脉先端突起成囊托，位于羽轴与叶边之间。孢子囊群圆形，具膜质囊群盖。

[**产地分布**] 原产我国。分布于我国北方大部分地区。

[**生态习性**] 喜半阴，忌阳光直射。耐寒，畏酷暑。适宜湿润环境和富含腐殖质的土壤。

[**繁殖栽培**] 分株或孢子繁殖。

[**观赏特性**] 叶形奇特，舒展飘逸，幽雅别致；叶片颜色由翠绿变成黑绿，逐渐变成黄棕色。良好的观叶植物。

[**园林应用**] 可植于林荫下、山地阴坡庇荫处、景石缝隙中。

荚果蕨

常夏石竹

学 名: *Dianthus plumarius* L.
别 名: 羽裂石竹
科 属: 石竹科 石竹属

常夏石竹

常夏石竹花

[形态特征] 多年生草本。株高20～30cm，茎蔓状簇生，有节，多分枝，光滑，被白粉。叶厚，灰绿色，对生，长线形，全缘。花2～3朵顶生，先端锯齿状，喉部多具暗紫色斑纹，微具香气；花萼筒圆形。花色极富变化，有紫红、大红、粉红、纯白、杂色，单瓣5枚或重瓣。花期5～10月。

[产地分布] 原产欧洲及亚洲西部。除华南较热地区外，全国各地多有栽培。

[生态习性] 喜光，稍耐半阴。耐寒，耐干旱、瘠薄，忌水涝，不耐酷暑。喜阳光充足、干燥通风及凉爽湿润气候。要求肥沃、疏松、排水良好及含石灰质的壤土或沙质壤土。

[繁殖栽培] 播种、扦插和分株繁殖。夏季多生长不良或枯萎，培育幼苗时应注意遮阴降温。

[常见病虫害] 主要有锈病、白粉病；红蜘蛛等。

[观赏特性] 株型低矮，茎秆似竹，叶丛青翠，花朵繁密，花色丰富鲜艳。

[园林应用] 可用于花坛、花境、花台或盆栽，也可用于岩石园和草地点缀。

　　承德中南部应用较多。

肥皂草

学　名：*Saponaria officinalis* L.
别　名：石碱花
科　属：石竹科 肥皂草属

肥皂草叶片

[形态特征] 多年生草本。株高30～60cm，茎基部稍铺散，上部直立，稍被短柔毛。叶椭圆状披针形或椭圆形，具光泽，明显3～5条主脉。密伞房花序或圆锥状聚伞花序，着生于茎顶及上部叶腋，瓣片先端微凹，花白色或浅粉色，重瓣。花期6～9月。

[产地分布] 原产欧洲。各地多有栽培。

[生态习性] 喜光，耐半阴，耐寒，较耐旱。对土壤要求不严。喜温暖湿润气候，以疏松、肥沃的沙质壤土为宜。

[繁殖栽培] 播种、分株繁殖。

[常见病虫害] 主要有白粉病、褐斑病；蚜虫等。

[观赏特性] 花繁叶茂，花色洁白，十分壮观。

[园林应用] 应用于公园绿地、风景区绿化。可片植、群植。可植于花境、花带及草坪边缘。

　　承德地区中南部应用。

肥皂草

华北耧斗菜

学 名： *Aquilegia yabeana* Kitagawa
科 属： 毛茛科 耧斗菜属

[形态特征] 多年生草本。茎直立，多分枝。基生叶具长柄，一至二回三出复叶，茎生叶较小。总状花序顶生，花朵下倾。萼片花瓣状，花瓣、萼片同为紫色。蓇葖果。花期5～7月。

[产地分布] 原产中国。东北、华北、西北、华东等地多有分布栽培。

[生态习性] 喜光，耐半阴，耐寒，适宜冷凉环境。喜含腐殖质、湿润、排水良好的土壤。

[繁殖栽培] 播种、分株繁殖。

[常见病虫害] 主要有叶斑病、霜霉病；蚜虫等。

[观赏特性] 叶片优美，花形独特，花色淡雅，花期长。

[园林应用] 适合在林荫下的花境、草坪边缘、灌木丛下栽植，又常作花坛、岩石园的栽植材料。

华北耧斗菜

华北耧斗菜花序

华北耧斗菜叶片

芍药

学 名: *Paeonia lactiflora* Pall.
别 名: 将离, 白术, 没骨花
科 属: 毛茛科 芍药属

芍药

芍药花

[形态特征] 多年生宿根草本。具肉质根, 茎丛生, 茎革质; 叶质厚, 一至二回三出羽状复叶或上部为单叶, 小叶通常3深裂, 椭圆形、狭卵形至披针形, 绿色, 近无毛。花1朵至数朵, 生于枝顶或上端叶腋, 花紫红、粉红、黄或白色, 花径13～18cm; 单瓣或重瓣, 单瓣花5～10枚, 重瓣花多枚。蓇葖果球形, 黑色。花期4～5月; 果期8～9月。

[产地分布] 原产我国。东北、西北、华北地区多有分布栽培。

[生态习性] 喜光, 耐半阴。耐寒, 忌涝, 喜冷凉气候。适宜肥沃、疏松土壤, 黏土及沙土生长不良, 盐碱地及排水不良的地区不宜栽植。

[繁殖栽培] 播种、分株繁殖。分株宜在秋季进行, 不能在春季分株, 农谚"春分分芍药, 到老不开花"。

[常见病虫害] 病害有灰霉病、褐斑病、红斑病等; 虫害有金龟子、介壳虫、蚜虫等。

[观赏特性] 花大艳丽, 花色丰富。著名的观花植物。

[园林应用] 可植于花坛、花境、草坪边缘或疏林下, 也可沿小径、路旁作带状栽植。常以芍药建专类花园, 亦可盆栽或切花。

　　承德地区重要的观花植物。

[同属常见种类] 草芍药、美丽芍药、川赤药、新疆芍药和窄叶芍药。

白屈菜

学　名： *Chelidonium majus* L.
别　名： 山黄莲，断肠草
科　属： 罂粟科　白屈菜属

[形态特征] 多年生草本。植株高30～60cm，含橘黄色乳汁，有毒，茎直立，多分枝，具白色细长柔毛。叶互生，一至二回奇数羽状分裂，具长柄；基生叶长10～15cm，茎生叶长 5～10cm，卵形至长圆形，顶裂片3裂，侧裂片基部具托叶状小裂片，边缘具不整齐缺刻或圆齿；叶表绿色，叶背绿白色，被白粉，浮生细毛。花数朵，排列成聚伞花序，花梗长短不一，花瓣黄色。蒴果细圆柱形，长角果状，直立。花期5～8月。

[产地分布] 原产我国。分布于东北、华北、西北及西南地区。

[生态习性] 喜半阴，忌阳光直射。耐寒，畏酷暑。适宜湿润环境和富含腐殖质土壤。

[繁殖栽培] 播种、分株繁殖。

[观赏特性] 株形奇特，花繁叶茂，花色金黄，优雅别致。

[园林应用] 适宜公园绿地、风景林地绿化。在庇荫地、山坡及疏林下种植。

白屈菜

白屈菜叶片

白屈菜花序

荷包牡丹

学　名： *Dicentra spectabilis* (L.) Lem.
别　名： 荷包花，蒲包花，兔儿牡丹
科　属： 罂粟科　荷包牡丹属

[形态特征] 多年生宿根草本。具肉质根状茎，茎直立，稍向外开张。叶对生，有长柄，为二回三出羽状复叶，全裂，裂片楔形，叶被白粉，略似牡丹叶。总状花序，顶生或腋生，弯垂，花形似荷包，着生一侧，下垂；花瓣4，外侧2枚粉红色，内侧2枚白色。蒴果细长圆柱形。花期4～5月；果期6～7月。

[产地分布] 原产我国。北方地区多有分布栽培。

[生态习性] 喜光，耐半阴。耐寒，不耐高温、干旱。喜半阴、湿润环境，适宜疏松、肥沃的沙质壤土，在沙土及黏土中生长不良。

[繁殖栽培] 播种、分株或根茎扦插繁殖。秋季将地下部分挖出，将根茎按自然段顺势分开，分别栽植。另可将根茎截成段，每段带有芽眼，插于沙中，待生根后栽植。

[常见病虫害] 病害有叶斑病、霜霉病、白粉病等；虫害有地蚕、蛴螬等。

[观赏特性] 叶丛美丽，花朵玲珑，形似荷包，色彩绚丽。

[园林应用] 宜布置花境、花坛，也可盆栽，还可点缀岩石园或在疏林下大面积种植，亦可作切花材料。由于不耐高温，植株夏季枯萎，应用时注意。

荷包牡丹

野罂粟

学 名： *Papaver nudicaule* L.
别 名： 野大烟，山大烟
科 属： 罂粟科 罂粟属

野罂粟

[形态特征] 多年生草本。全株有硬伏毛，具白色乳汁。叶基生，有长柄，叶片卵形或窄卵形，先端钝圆，两面疏生微硬毛。花葶细长直立；花单独顶生，稍下垂，花瓣4片，橘黄色，倒卵形至宽倒卵形，先端近截形，具微波状缺刻。蒴果狭倒卵形，密被粗而长的硬毛，顶孔开裂。花期6～7月；果期7～8月。

[产地分布] 产自我国。分布于东北、华北、西北等地。

[生态习性] 喜光，忌高温，耐干旱、瘠薄，忌水涝。适宜冷凉环境和肥沃、疏松土壤。

[繁殖栽培] 播种或分株繁殖。

[观赏特性] 株型奇特，花葶细长，花色金黄，花期长。

[园林应用] 植于林缘、景石边、疏林草地等处。
　　承德市区应用，花期提前，效果良好。

野罂粟花

八宝景天

学 名: *Sedum spectabile* Boreau
别 名: 粉八宝
科 属: 景天科 景天属

[形态特征] 多年生肉质草本。地下茎肥厚，地上茎簇生，粗壮而直立，全株略被白粉，呈灰绿色。叶轮生或对生，倒卵形，肉质，具波状齿。伞房花序密集如平头状，花序径10～13cm；花淡粉红色，常见栽培的有白色、紫红色、玫红色品种。蓇葖果直立且靠拢。花期7～9月。

[产地分布] 原产我国。主要分布于东北、华北等地。

[生态习性] 喜光，稍耐阴。耐寒，耐干旱、瘠薄，忌水涝。适应性强，对土壤要求不严。适宜排水良好的沙质壤土。

[繁殖栽培] 分株、扦插繁殖。

[观赏特性] 株形整齐，花小密集，花开时似一片烟云，群体效果佳。

[园林应用] 可布置花坛、花境、花带、草坪边缘或岩石园，亦可作地被植物。

承德地区应用广泛的园林植物。

八宝景天花序

八宝景天

费菜

三七景天

[同属常见植物]

费菜 》》*S. kamtschaticum*

多年生草本，株高20～50cm。叶卵状披针形至狭匙形，边缘有不整齐的锯齿，新叶深绿色，老叶黄绿色。聚伞花序顶生，无花梗，花黄色。

三七景天 》》*S. aizoon*

株高30～80cm，单叶互生，鲜绿色，广卵形至狭倒披针形，上缘具粗齿，基部楔形。聚伞花序，花黄色。

德景天

德景天 》》*S. hybridum* 'Immergrunchell'

株高30～40cm，茎平卧或上部直立，节处生有少许不定根。叶对生或3～4枚轮生，宽匙形，上缘具波状齿，基部楔形，有柄，叶色绿到黄绿。伞形花，黄色。在雨季，自中心向四周倒伏，形成空心状。

红叶景天 》》*S. spurium* 'Coccineum'

株高7～15cm，茎匍匐状延伸，上部直立，节处易成不定根。小叶对生，圆匙形，长0.6～1cm，上缘具齿，基部楔形，具柄；叶深红色，肥水过大叶色变浅。花紫红色。

承德地区可露地越冬，耐寒性较差。

红叶景天

松塔景天

卧茎景天

毛景天

松塔景天 》S. nicaeense

株高10～30cm，茎匍匐状延伸，上部直立，易成不定根。5叶轮生，无柄，圆柱状披针形，叶蓝绿色，冬季半枯呈蓝灰色。

卧茎景天 》S. sarmentosum

又称垂盆草。株高5～10cm，茎平卧匍匐状延伸，并于节处生出不定根。三叶轮生，披针形，全缘，无柄，长1.5～2.5cm。聚伞花序顶生，鲜黄色。极好的地被植物。

承德地区中南部应用广泛。

毛景天 》S. selskianum

株高25～40cm，全株密被浅灰色开展的柔毛，茎多数直立。叶互生或轮生，线状披针形，边缘中部以上有锯齿。

落新妇

学 名： *Astilbe chinensis* (Maxim.) Franch.et Sav.
别 名： 虎麻，金猫儿
科 属： 虎耳草科 落新妇属

[形态特征] 多年生草本，高45～65cm。茎直立，被褐色长柔毛并杂以腺毛；根茎横走，粗大呈块状。基生叶为二至三回三出复叶，具长柄，托叶较狭；小叶片卵形至长椭圆状卵形，先端通常短渐尖，边缘有尖锐的重锯齿，两面均被刚毛，脉上尤密；茎生叶2～3，较小，与基生叶相似，仅叶柄较短，基部钻形。花两性或单性，稀杂性或雌雄异株，圆锥状花序与茎生叶对生；萼筒浅杯状，5深裂；花瓣5，窄线状，长约5mm，淡紫色或紫红色。蒴果成熟时橘黄色。花期7～8月。

[产地分布] 原产我国。东北、华北、西北、西南多有分布。

[生态习性] 喜半阴、湿润环境，较耐寒，较耐干旱。对土壤适应性较强，喜微酸、中性排水良好的沙质壤土。

[繁殖栽培] 播种、分株繁殖。

[常见病虫害] 主要有白粉病、褐斑病；红蜘蛛、蚜虫等。

[观赏特性] 枝叶茂密，花序长、密集紧凑，花色艳丽而丰富。良好的观花植物。

[园林用途] 可植于林下或半阴处观赏，适宜种植在疏林下及林缘、墙垣半阴处，也可植于溪边和湖畔，亦可盆栽或作切花。

落新妇

落新妇花序

蛇 莓

学 名： *Duchesnea indica* (Andr.) Focke
别 名： 地莓，龙吐珠
科 属： 蔷薇科 蛇莓属

[形态特征] 多年生草本。具匍匐茎。叶互生，掌状复叶，有长柄；三出复叶，边缘有钝齿；小叶多皱缩，完整者倒卵形，基部偏斜，表面黄绿色，叶表近无毛，叶背被疏毛。花单生于叶腋，具长柄，花瓣黄色。聚合果棕红色，瘦果小。花期6～8月；果期8～10月。

[产地分布] 原产我国。东北、华北、华中、华南多有分布栽培。

[生态习性] 喜半阴环境，在强阴下长势较差。耐寒。对土壤要求不严，以肥沃、疏松湿润的沙质壤土为宜。

[繁殖栽培] 播种或分株繁殖。

[常见病虫害] 主要有白粉病；白粉虱、蚜虫等。

[观赏特性] 植株低矮，枝叶茂密，花小繁密，果实红色鲜艳。良好的地被植物。

[园林应用] 适宜公园绿地、单位庭院、居住区及风景林地绿化。在封闭的绿地内、山坡、道旁及疏林下种植。
最适于承德中南部地区应用的地被植物。

蛇莓果实

蛇莓

委陵菜

学　名： *Potentilla chinensis* Ser.
别　名： 翻白草
科　属： 蔷薇科　委陵菜属

委陵菜

委陵菜花

[形态特征] 多年生匍匐草本。根状茎粗壮，木质化，有棕褐色残余托叶，茎、叶柄、花序轴密生白色绵毛。奇数羽状复叶，茎生叶丛生，上面绿色，有短柔毛或无毛，下面密生灰白色柔毛。伞房状聚伞花序，花直径6～10mm，花瓣黄色。瘦果肾状卵形，表面微有皱纹。花期5～9月；果期6～10月。

[产地分布] 原产我国。全国各地广泛分布栽培。

[生态习性] 喜光，耐半阴。耐寒，耐湿，忌炎热，稍耐盐碱。适宜湿润环境和疏松沙质壤土。

[繁殖栽培] 播种、扦插、分株繁殖。

[常见病虫害] 主要有白粉病、锈病；蚜虫等。

[观赏特性] 株型奇特，叶色鲜绿，花色金黄。

[园林应用] 可植于花境、路旁、草坪边缘或疏林下。

紫花苜蓿

学 名: *Medicago sativa* L.
别 名: 紫苜蓿，苜蓿草
科 属: 豆科 苜蓿属

[形态特征] 多年生草本，株高30~100cm。茎直立或有时斜卧，多分枝。羽状复叶，具小3叶，长圆状倒卵形，先端钝圆或截形，有小尖头，上部叶缘有锯齿。总状花序，腋生，花排列紧密，花冠蓝紫色或紫色。荚果螺旋状卷曲，叶面有毛，先端有喙。花期6~8月；果期8~9月。

[产地分布] 原产欧洲及亚洲。东北、华北、西北、江淮流域多有分布栽培。

[生态习性] 喜光，稍耐阴。耐寒，耐干旱瘠薄，忌涝。喜温暖半干旱环境及疏松肥沃土壤。

[繁殖栽培] 以种子繁殖为主。自繁能力强。

[常见病虫害] 病害有褐斑病、霜霉病、白粉病等；虫害有蚜虫、黏虫、潜叶绳、甜菜夜蛾、蓟马、盲蝽等。

[观赏特性] 枝叶繁茂，叶色浓绿，花色蓝紫淡雅。

[园林应用] 可植于山坡、疏林、路边等处。多作地被应用。

紫花苜蓿花序

紫花苜蓿

白三叶

学 名：*Trifolium repens* L.
别 名：白车轴草，白花三叶草
科 属：豆科 车轴草属

白三叶

白三叶花

[形态特征] 多年生草本。茎匍匐，无毛，茎长30～60cm。掌状复叶，具3小叶，小叶倒卵形或倒心形，中央有灰白色"V"形斑纹，顶端圆或微凹，基部宽楔形，边缘有细齿，表面无毛，背面微有毛。花多数，密集呈头状或球状花序，花冠白色或淡红色。荚果倒卵状椭圆形，有3～4枚种子；种子细小，近圆形，黄褐色。花期5月；果期8～9月。

[产地分布] 原产欧洲。东北、华北、华东、西南均有分布栽培。

[生态习性] 喜光，稍耐阴。耐寒，耐热，不耐旱。喜温暖、向阳的环境和排水良好的沙壤土或黏壤土。

[繁殖栽培] 播种、分株繁殖。

[常见病虫害] 病害有菌核病、病毒病等；虫害有叶蝉、白粉蝶、地老虎、斜纹夜蛾等。

[观赏特性] 茎叶密集，叶形美观、独特。

[园林应用] 可植于山坡、园路两侧、疏林下、水池旁、景石旁。良好的地被植物。

　　承德中南部小环境应用。

蜀 葵

学 名: *Althaea rosea* Cav.
别 名: 一丈红，熟季花，秫秸花
科 属: 锦葵科 蜀葵属

蜀葵

蜀葵

蜀葵叶片

[形态特征] 多年生草本。茎直立，丛生，不分枝，全体被星状毛和刚毛。茎生叶互生，浅裂5~7，近圆心形或长圆形；基生叶片较大，粗糙，两面均被星状毛，叶柄长。花单生或近簇生于叶腋，有时成顶生总状花序；花

单瓣或重瓣，有粉红、红、紫、墨紫、白、黄、水红、乳黄、复色等。花期5~9月。

[产地分布] 原产我国。华东、华中、华北、华南地区多有分布栽培。

[生态习性] 喜光，耐寒，忌涝。以土层深厚、肥沃、排水良好的土壤为宜。

[繁殖栽培] 播种繁殖。

[常见病虫害] 主要有蜀葵锈病；红蜘蛛、棉大卷叶螟等。

[观赏特性] 植株高大挺拔，叶大浓绿，花色丰富艳丽。

[园林应用] 宜在建筑物旁、假山旁成列或成丛种植或点缀花坛、草坪。矮生品种可作盆花栽培。

芙蓉葵

学　名： *Hibiscus moscheutos* L.
别　名： 草芙蓉，秋葵
科　属： 锦葵科　木槿属

[形态特征] 多年生草本。株高1～2m，茎直立粗壮，成丛生状，基部半木质化。单叶互生，叶大，卵状椭圆形，3裂或不裂，基部圆形，缘具疏浅齿，叶柄、叶背密生灰色星状毛。花大，单生于叶腋，花径可达20cm，花瓣卵状椭圆形，有白、粉、红、紫等色。花期6～8月；果期9～10月。

[产地分布] 原产北美。我国各地多有栽培。

[生态习性] 喜光，略耐阴。较耐寒。忌干旱，耐水湿，对土壤要求不严。喜温暖湿润气候。以疏松的沙质壤土为宜。

[繁殖栽培] 播种、分株、扦插繁殖。

[观赏特性] 花大色艳，华丽富贵。

[园林应用] 应用于公园绿地、单位庭院、居住区、道路及风景区绿化。可丛植、片植及群植。多作为花坛、花境的背景材料。

承德地区中南部小环境应用。

芙蓉葵花

芙蓉葵果实

芙蓉葵

紫花地丁

学　名：*Viola yedoensis* Makino
别　名：董菜地丁，光瓣堇菜
科　属：董菜科 董菜属

紫花地丁

[形态特征] 多年生草本。无地上茎；叶基生，叶片舌形、长圆形或长圆状披针形，先端钝，边缘具圆齿，中上部尤为明显。花梗少数至多数，花瓣紫堇色或紫色，具紫色条纹。蒴果长圆形，无毛。花果期4～8月。

[产地分布] 原产我国。全国各地多有分布栽培。

[生态习性] 性强健，喜光，耐半阴。耐寒，耐干旱、瘠薄。喜半阴环境和湿润的土壤。

[繁殖栽培] 种子繁殖，亦自播繁衍。

[常见病虫害] 主要有叶斑病；红蜘蛛、介壳虫、白粉虱等。

[观赏特性] 植株低矮，地面覆盖效果好，花色花形美观。北方优良的早春花卉。

[园林应用] 可植于草地、山坡、疏林下，亦可作缀花草坪布置。由于花期长、花色艳丽，可在广场、平台布置花坛、花境；在园路两旁、假山石作点缀给人以亲切的自然之美。

宿根福禄考

学　名： *Phlox paniculata* L.
别　名： 天蓝绣球，锥花福禄考
科　属： 花荵科 福禄考属

[形态特征] 多年生草本。茎粗壮直立，近无毛，成长后茎多分枝。叶交互对生或三叶轮生，长椭圆形，端尖，基狭，上部叶抱茎。圆锥花序顶生，花冠高脚碟形，浅五裂；花色有白、粉、红紫、斑纹及复色，多以粉色及粉红色常见。蒴果椭圆形或近圆形，棕色。种子倒卵形或椭圆形，背面隆起，腹面平坦。花果期7～9月。

[产地分布] 原产北美洲。现我国各地均有栽培。

[生态习性] 喜光，稍耐阴。耐寒，忌酷暑，忌水涝和盐碱。喜湿润环境和排水良好的沙质壤土。

[繁殖栽培] 播种、分株、扦插繁殖。

[常见病虫害] 主要有叶斑病、白粉病；蚜虫等。

[观赏特性] 花色艳丽，姿态优雅，群植蔚为壮观。优良的夏季观花植物。

[园林应用] 适于公园绿地、庭院、居住区绿化。可用于布置花坛、花境，可点缀于草坪中，亦可盆栽或作切花。

[同属常见植物]

丛生福禄考 》 *P. subulata*

　　匍匐性多年生草本。茎丛生密生呈毯状，高10～15cm，基部稍木质化。叶质硬，多而密集，呈锥形。聚伞花序，花粉紫、粉或白色。群植花开如毯状。

丛生福禄考

宿根福禄考花序

宿根福禄考

连钱草

学 名： *Glechoma longituba* (Nakai) Kupr.
别 名： 地蜈蚣，活血丹
科 属： 唇形科 活血丹属

[形态特征] 多年生草本。株高6～30cm，茎细，方形，被细柔毛，下部匍匐，上部直立。叶对生，肾形至圆心形，缘具圆锯齿，两面有毛或近无毛，叶背有腺点。轮伞花序腋生，每轮2～6花；苞片刺芒状；花萼钟状，花冠2唇形，淡蓝色至紫色，上唇直立2裂，裂片肾形，下唇3裂，中裂片肾形，具深色斑点。小坚果长圆形，褐色。花期5～7月；果期7～8月。

[产地分布] 原产我国。除西北、内蒙古外，全国各地多有分布栽培。

[生态习性] 喜阴湿，耐寒。对土壤要求不严，以疏松、肥沃、排水良好的沙质壤土为宜。适宜在温暖、湿润的气候条件下生长。

[繁殖栽培] 播种、分株、扦插繁殖。

[常见病虫害] 主要有霜霉病、叶斑病；蛞蝓、蜗牛等。

[观赏特性] 植株低矮，叶色浓绿，叶形奇特，花色优雅。

[园林用途] 适宜公园绿地、单位庭院、居住区及风景林地绿化。在封闭的绿地内、山坡、道旁及疏林下种植。

连钱草

蓝花鼠尾草

学 名: *Salvia farinacea* Benph.
别 名: 洋苏草
科 属: 唇形科 鼠尾草属

[形态特征] 多年生草本。植株呈丛生状,多分枝,茎四棱。叶对生,线状披针形,灰绿,叶表有凹凸状织纹。总状花序,长20cm,小花多朵,轮生,蓝堇色,香味刺鼻浓郁。花期7~9月。

[产地分布] 原产北美。我国各地多有栽培。

[生态习性] 喜光,耐半阴。较耐寒,耐干旱、瘠薄,忌水湿。适宜日照充足、通风良好。沙质壤土。

[繁殖栽培] 播种或分株繁殖。

[常见病虫害] 主要有叶斑病、黑斑病;蚜虫等。

[观赏特性] 株形紧凑,花色清秀淡雅,群体感强。

[园林应用] 适宜公园绿地、单位庭院、居住区及风景林地绿化。可植于花坛、花境、水旁及疏林下,亦可盆栽或作切花。

蓝花鼠尾草

黄 芩

学 名： *Scutellaria baicalensis* Georgi
科 属： 唇形科 黄芩属

黄芩

[形态特征] 多年生草本。茎基部伏地，上升，四棱形，基部多分枝。单叶对生，具短柄；叶披针形，全缘，叶背密布凹陷的腺点，边缘常反卷。总状花序顶生，花偏生于花序一侧；花唇形，紫红色至蓝紫色。坚果小，近球形，具瘤，黑褐色，包围于宿萼中。花期7～8月；果期8～9月。

[产地分布] 原产我国。东北、华北、西北、华东及西南地区多有分布栽培。

[生态习性] 喜光，稍耐阴。耐寒，耐干旱、瘠薄，忌水湿。对土壤要求不严，适宜疏松、肥沃土壤。

[繁殖栽培] 播种、扦插或分株繁殖。

[常见病虫害] 主要有叶枯病、叶斑病；金针虫等。

[观赏特性] 株形清秀，花色淡雅。

[园林应用] 适于公园绿地、风景区绿化。可植于花境、路旁、草坪边缘或疏林下。

黄芩花序

钓钟柳

学　名：*Penstemon campanulatus* Willd.
科　属：玄参科　钓钟柳属

[**形态特征**] 多年生草本。茎直立，丛生，光滑，稍被白粉，全株被茸毛。单叶交互对生，基生叶卵形，茎生叶披针形，缘具疏浅齿。花单生或3～4朵生于总梗叶腋上，呈不规则总状花序，花漏斗状，花冠筒长约2.5cm，花紫、玫瑰红、紫红、浅粉色或白色等。蒴果深褐色。花期7～9月。

[**产地分布**] 原产北美。我国各地多有栽培。

[**生态习性**] 喜阳光充足、空气湿润、通风良好的环境。耐寒，忌炎热干燥，稍耐半阴。适宜排水性良好、含石灰质的肥沃沙质壤土。

[**繁殖栽培**] 播种、扦插或分株繁殖。

[**观赏特性**] 株形秀美，花色丰富艳丽，花期长，绿色期长。

[**园林应用**] 适宜公园绿地、单位庭院、居住区及风景林地绿化。可植于花坛、花境、草地及疏林下，亦可盆栽或作切花。

承德地区中南部良好的地被观花植物。

钓钟柳叶片

钓钟柳

穗花婆婆纳

学 名：*Veronica spicata* L.
科 属：玄参科 婆婆纳属

[形态特征] 多年生草本。叶对生，披针形至卵圆形，近无柄，具锯齿。花蓝色或粉色，小花径4～6mm，形成紧密的顶生总状花序。花期6～8月。

[产地分布] 原产北美及亚洲。我国各地多有栽培。

[生态习性] 喜光，耐半阴。耐寒，耐高温，耐干旱、瘠薄。适宜肥沃、疏松土壤。

[繁殖栽培] 播种或分株繁殖。

[常见病虫害] 主要有霜霉病；蚜虫、白粉虱等。

[观赏特性] 株形紧凑，花枝优美，花期恰逢仲夏缺花季节。

[园林应用] 适宜公园绿地、单位庭院、居住区及风景林地绿化。可植于花坛、花境及疏林下，亦可盆栽或作切花。

穗花婆婆纳花序

穗花婆婆纳

华北蓝盆菜

学　名: *Scabiosa tschiliensis* G.
科　属: 川续断科　蓝盆花属

[形态特征] 多年生草本。茎自基部分枝，具白色卷伏毛。基生叶簇生，叶片卵状披针形或狭卵形至椭圆形，先端急尖或钝，有疏钝锯齿或浅裂，偶为深裂，两面疏生白色柔毛；茎生叶对生，羽状深裂至全裂。头状花序，具长柄；花萼5裂，刚毛状。瘦果椭圆形。花期7～9月；果期9～10月。

[产地分布] 原产欧洲及亚洲。我国各地多有栽培。

[生态习性] 喜光，耐半阴，耐寒，耐干旱、瘠薄，对土壤要求不严。

[繁殖栽培] 种子繁殖。

[常见病虫害] 主要有根腐病；蚜虫、地老虎等。

[观赏特性] 株形紧凑，花枝优美。秋季良好的观花植物。

[园林应用] 可丛植、片植、群植，主要用于公园绿地、风景林地及山体公园中。

华北蓝盆菜花序

华北蓝盆菜

沙 参

学　名: *Adenophora stricta* Miq.
别　名: 南沙参，泡参
科　属: 桔梗科 沙参属

沙参

沙参花序

[形态特征] 多年生草本。不分枝，常被短硬毛或长柔
毛。基生叶心形，大而具长柄；茎生叶无柄，或仅下部
的叶有极短而带翅的柄；叶片椭圆形、狭卵形，基部楔
形，先端急尖或短渐尖，边缘有不整齐的锯齿，两面疏
生短毛或长硬毛。花序不分枝而成假总状花序，或有短
分枝而成极狭的圆锥花序；花冠宽钟状，蓝色或紫色；
花侧生，下垂。蒴果椭圆状球形，极少为椭圆状，种子
多数，棕黄色，稍扁，有1条棱。花果期8～10月。

[产地分布] 原产我国。广泛分布于东北及河北、山
东、江苏、安徽、浙江、江西、广东、贵州、云南
等地。

[生态习性] 喜温暖或凉爽气候。喜光，亦耐阴。耐寒。
耐干旱、瘠薄，对土壤要求不严，以土层深厚肥沃、富
含腐殖质、排水良好的沙质壤土为宜。

[繁殖栽培] 种子繁殖。

[常见病虫害] 主要有根腐病、褐斑病；蚜虫、地老
虎等。

[观赏特性] 株形紧凑，花枝优美。良好的秋季观花
植物。

[园林应用] 可片植、群植，主要用于风景林地及山体公
园中。

桔 梗

学 名： *Platycodon grandiflorus* (Jacq.) A. DC.

别 名： 铃铛花，包袱花，道拉基

科 属： 桔梗科 桔梗属

[形态特征] 多年生草本。茎直立，单一或分枝，有白色乳汁，无毛。叶互生或3枚轮生，宽卵形、椭圆形或披针形，先端尖或急尖，基部楔形，边缘有不规则锐齿，叶背被白粉。花单生或数朵生于枝端，组成假总状花序或圆锥花序；花萼钟状，5裂，裂片三角状披针形；花冠蓝色或蓝紫色，宽钟状，先端5裂，裂片三角形。蒴果倒卵圆形，成熟时顶端5瓣裂。花期7～9月；果期8～10月。

[产地分布] 原产我国。广泛分布于全国各地。

[生态习性] 喜光，较耐阴。耐寒，耐干旱。喜温和凉爽气候。以土层深厚、排水良好、土质疏松、含腐殖质的沙质壤土为宜。怕风害，忌涝。

[繁殖栽培] 播种、分株繁殖。苗期怕强光直晒，须遮阴。

[常见病虫害] 主要有根腐病、白粉病等。

[观赏特性] 株形清秀，蓝紫色花大，花期长。良好的夏季蓝色观花植物。

[园林应用] 适于公园绿地、风景区的花境、林缘或疏林下绿化，也可植于庭院、草地、山石旁等处点缀。亦可作切花。

桔梗花序

桔梗

蓍 草

学 名: *Achillea sibirica* Ledeb.
科 属: 菊科 蓍草属

[形态特征] 多年生草本。茎直立，被疏贴柔毛。叶互生，无柄，条状披针形，常一至三回羽状深裂，基部裂片抱茎，缘锯齿或浅裂。头状花序成伞房状着生于茎顶。花舌状、筒状，白色或淡红色。花期7～8月。

[产地分布] 原产我国。东北、华北、华东、华中地区多有分布。

[生态习性] 喜阳光充足的环境，耐半阴。耐寒性强。对土壤要求不严，以富含有机质及石灰质、排水良好的沙质壤土为宜。

[繁殖栽培] 分株、播种繁殖，也可扦插。

[常见病虫害] 主要有白粉病、褐斑病、叶斑病；蚜虫等。

[观赏特性] 花色丰富，花朵繁密，花期长。

[园林应用] 可片植、丛植、群植。多用于花坛、花带、花境、山坡绿化。

蓍草花序

蓍草

荷兰菊

学　名： *Aster novi-belgii* L.
别　名： 纽约紫菀
科　属： 菊科 紫菀属

荷兰菊

[形态特征] 多年生草本。具地下走茎；茎丛生，多分枝。叶线状披针形，互生，深绿色，近全缘，基部稍抱茎，光滑，幼嫩时微呈紫色。头状花序密集成伞房状着生枝顶，舌状花多数、平展，蓝紫色、粉色、白色。瘦果长圆形，冠毛毛状，淡黄褐色。花果期9～10月。

[产地分布] 原产北美。我国各地均有栽培。

[生态习性] 喜光，耐寒，耐干旱、瘠薄。对土壤要求不严。喜阳光充足和通风的环境，以湿润、肥沃、疏松的沙质土壤为宜。

[繁殖栽培] 分株、扦插繁殖。注意肥水不宜过大，以防徒长。

[常见病虫害] 主要有白粉病、褐斑病、叶斑病；蚜虫等。

[观赏特性] 植株低矮紧凑，花繁色艳，自然成形，良好的秋季观花植物。

[园林应用] 可片植、丛植。多用于花坛、花带、花境、山坡绿化。也可盆栽观赏。

荷兰菊花序

大花金鸡菊

学 名: *Coreopsis grandiflora* Hogg.
别 名: 剑叶波斯菊，狭叶金鸡菊
科 属: 菊科 金鸡菊属

大花金鸡菊花序

大花金鸡菊

[形态特征] 多年生草本。茎直立多分枝，稍被毛。叶对生，基生叶和部分茎下部叶披针形或匙形，全缘；茎生叶全部或有时3～5裂，裂片披针形或条形，先端钝。头状花序，黄色，有长柄，边缘一轮舌状花，其他为管状花。舌状花通常8枚，舌片宽大，黄色；管状花两性，黄色。瘦果广椭圆形或近圆形，边缘具宽而薄的膜质翅。花果期6～9月。有单、重瓣品种。

[产地分布] 原产北美。现我国各地广泛栽培。

[生态习性] 喜光，耐寒，耐旱，忌涝、酷暑。对土壤要求不严，适宜肥沃、疏松土壤。

[繁殖栽培] 播种、分株、扦插繁殖。常自播繁衍。

[常见病虫害] 病害主要有白粉病、黑斑病；虫害有蚜虫、地老虎、蛴螬等。

[观赏特性] 花葶长、直立，花色艳丽，花开时一片金黄，在绿叶的衬托下，犹如金鸡独立，绚丽夺目。

[园林应用] 可用于布置花坛、花境、花带、草地边缘、坡地绿化。也可盆栽或作切花。

大丽花

学　名： *Dahlia pinnata* Cav.
别　名： 西番莲
科　属： 菊科　大丽花属

[形态特征] 多年生草本。纺锤形块根，茎直立，粗壮。叶对生，一至三回羽状深裂，上部叶有时不分裂，裂片卵形或长圆状卵形，叶背灰绿色，两面无毛。头状花序大，顶生，水平开展或有时下垂，具长花序梗；舌状花通常8朵，白色、红色或紫色，卵形，顶端有不明显的3齿或全缘；管状花黄色。瘦果长圆形，黑色，扁平。花果期6~10月。

[产地分布] 原产墨西哥。我国各地广泛栽培。

[生态习性] 喜光。不耐寒，忌炎热，喜高燥而凉爽气候及富含腐殖质、排水良好的沙质壤土。

[繁殖栽培] 播种、扦插、分根繁殖。

[常见病虫害] 主要有根腐病、白粉病、褐斑病；红蜘蛛、蚜虫、蛴螬等。

[观赏特性] 花色艳丽，花形多变，花期长。著名的观花植物。

[园林应用] 适用于单位、庭院、居住区绿化。可植于花坛、花境、花带，也可盆栽或作切花材料。

　　承德地区应用冬季需室内贮藏块根防护越冬。

大丽花花序

大丽花

秋 菊

学 名: *Dendranthema morifolium* Tzvel.
别 名: 黄花，地被菊，国庆菊
科 属: 菊科 菊属

[形态特征] 多年生草本。株高30～40cm，茎直立，基部半木质，多分枝，密被白色短柔毛，略带紫红色。单叶互生，有叶柄，卵形至披针形，先端钝或锐尖，基部近心形或宽楔形，羽状深裂或浅裂；叶面深绿色，背面淡绿色，两面密被白色短毛。头状花序，单生或数个集生于茎枝顶端，花径因品种不同而差异较大，舌状花冠白色、黄色、淡红色至紫红色；管状花黄色。瘦果，褐色而细小。花果期8～10月。

[产地分布] 原产我国。全国各地多有分布栽培。

[生态习性] 喜光，耐半阴。耐寒，耐干旱、瘠薄，耐盐碱，忌涝。对土壤要求不严，喜深厚、肥沃、富含腐殖质的沙质壤土。

[繁殖栽培] 扦插、分根、压条繁殖。

[常见病虫害] 主要有叶斑病、白粉病、霜霉病、病毒病；蚜虫、蛴螬等。

[观赏特性] 株形紧凑，颜色丰富，色彩鲜艳，群植花色壮观。

[园林应用] 适于公园绿地、庭院、居住区及风景林地绿化。可用于布置花坛、花境或片植、群植于草坪中。亦可盆栽或作切花。

承德中南部地区小环境适用。

秋菊

秋菊

秋菊

松果菊

学　名: *Echinacea purpurea* Moench
别　名: 紫松果菊，紫锥花
科　属: 菊科　松果菊属

松果菊

[形态特征] 多年生草本。全株具粗毛，茎直立。叶互生，基生叶三角形，茎生叶卵状披针形，叶柄基部稍抱茎。头状花序单生于枝顶，舌状花紫红色，稍下垂，管状花橙黄色，具光泽。瘦果，具四棱，冠毛为短的齿状冠。花果期6～9月。

[产地分布] 原产北美。各地多有栽培。

[生态习性] 喜光，耐半阴，耐寒，耐旱。喜肥沃、深厚、富含有机质的土壤。

[繁殖栽培] 播种、分株繁殖，以播种繁殖为主。

[常见病虫害] 主要有叶斑病；野螟、白粉虱等。

[观赏特性] 花形硕大，花色艳丽，花姿挺拔。良好的夏季观花植物。

[园林应用] 可植于花坛、花境、草坪边缘、疏林下及坡地。亦可作切花材料。

松果菊叶片

[同属常见植物]

‘白花’松果菊　*E. purpurea* ‘Alba’

舌状花白色，管状花浅绿色。

宿根天人菊

学 名：*Gaillardia aristata* Pursh
别 名：大天人菊，车轮菊
科 属：菊科 天人菊属

[形态特征] 多年生草本。全株密被粗硬毛。茎不分枝或稍有分枝。叶互生，基部叶多匙形，上部叶披针形至矩圆形，全缘至波状羽裂。头状花序单生于茎顶，舌状花黄色，基部紫色，管状花紫色。瘦果全部被密毛。花期6～10月。

[产地分布] 原产北美。我国各地多有栽培。

[生态习性] 喜光，耐半阴。耐干旱、炎热，耐寒。适应性强。喜阳光充足、排水良好的疏松土壤。

[繁殖栽培] 播种、分株繁殖。

[常见病虫害] 主要有叶斑病；蚜虫等。

[观赏特性] 花期长，花姿妖娆，花色艳丽。优良的夏季观花植物。

[园林应用] 适用于单位、庭院、居住区、道路绿化。可植于花坛、花境、花带，也可盆栽或作切花材料。良好的固沙草本植物。

宿根天人菊叶片

宿根天人菊

日光菊

学 名： *Heliopsis helianthoides* Sweet
别 名： 赛菊芋
科 属： 菊科 赛菊芋属

[形态特征] 多年生草本。叶对生，长卵圆形或卵状披针形，基部楔形，缘具锯齿，深绿色，被短毛。头状花序集生成伞房状，花径5～7cm，舌状花阔线形，鲜黄色，管状花黄绿色。花期6～9月。

[产地分布] 原产北美。我国各地多有栽培。

[生态习性] 喜光、稍耐阴。忌水湿，耐干旱、瘠薄。耐寒。喜向阳干燥环境，不择土壤。

[繁殖栽培] 播种、分株繁殖。

[常见病虫害] 主要有叶斑病；蚜虫等。

[观赏特性] 花期长，花姿妖娆，花色艳丽。优良的秋季黄色观花植物。

[园林应用] 适用于单位、庭院、居住区、道路绿化。可植于花坛、花境、花带。也可作切花。

日光菊叶片

日光菊

旋覆花

学 名: *Inula japonica* Thunb.
科 属: 菊科 旋覆花属

旋覆花

旋覆花花序

[形态特征] 多年生草本。茎具纵棱，绿色或微带紫红色。叶互生，椭圆形、椭圆状披针形或窄长椭圆形；茎下部叶较小，线状披针形，叶背密被长伏毛及腺点。头状花序，少数或多数，顶生，呈伞房状排列。总苞半球型，舌状花黄色，管状花黄色。瘦果长椭圆形，被白色硬毛，冠毛白色。花果期7~10月。

[产地分布] 产自我国。东北、华北、西北及华中等地多有分布栽培。

[生态习性] 喜光，耐半阴。耐寒。耐干旱、瘠薄，较耐水湿，适宜疏松土壤。

[繁殖栽培] 播种、分株繁殖。自繁能力强。

[常见病虫害] 主要有叶枯病、霜霉病、白粉病；蚜虫、白粉虱等。

[观赏特性] 叶色浓绿，花朵金黄。

[园林应用] 适宜公园绿地、风景林地绿化，可植于路旁、湿地，作地被用。

蛇鞭菊

学 名： *Liatris spicata* Willd.
别 名： 麒麟菊，猫尾花
科 属： 菊科 蛇鞭菊属

[形态特征] 多年生草本。块根，成黑色，全株散生短柔毛。地上茎直立，株形锥状。茎生叶条形，互生，全缘，下部较上部叶大；基生叶线形，长。头状花序排列成密穗状，舌状花瓣细发状，紫红色，花依次向上开放。花期7～8月。

[产地分布] 原产北美洲。我国各地多有栽培。

[生态习性] 喜光，耐半阴。耐寒。耐干旱、瘠薄。对土壤要求不严，适宜疏松、肥沃、湿润土壤。

[繁殖栽培] 播种、分株繁殖。

[常见病虫害] 主要有茎腐病；白粉虱等。

[观赏特性] 花葶挺立，花色清新，花期长。因花穗较长，盛开时竖向效果鲜明。

[园林应用] 适宜公园绿地、单位庭院、居住区及风景林地绿化。可植于花坛、花境及疏林下，亦可作切花。

蛇鞭菊花序

蛇鞭菊

抱茎苦菜

学 名： *Ixeris sonchifolia* (Bunge) Hance
别 名： 苦碟子，苦荬菜
科 属： 菊科 苦荬菜属

[形态特征] 多年生草本。植株无毛，茎直立，上部有分枝，基生叶莲座状，先端急尖或圆钝，基部下延成柄，有锯齿或尖牙齿，或为不整齐的羽状深裂；茎生叶较小，卵状椭圆形或卵状披针形。头状花序密集成伞房状，花小，有细梗，总苞圆筒形，舌状花黄色。瘦果黑色纺锤形，冠毛白色。花果期4～7月。

[产地分布] 原产我国。分布于东北、华北、华东、华南等地区。

[生态习性] 喜光，耐旱，耐寒，耐瘠薄土壤，适应性强，喜深厚肥沃沙质壤土。

[繁殖栽培] 种子繁殖，亦自播繁衍。

[观赏特性] 叶绿花黄，花茎高挺，远望点点金黄。

[园林应用] 可作地被植物，也可片植于草坪边缘或路旁，亦可作绿地点缀花卉。

抱茎苦菜

金光菊

学 名： *Rudbeckia laciniata* L.
科 属： 菊科 金光菊属

[**形态特征**] 多年生草本。茎上部分枝，无毛或稍被短粗毛。叶互生，无毛或被疏短毛，具3～5深裂，分枝叶有锯齿，基生叶羽状5～7裂，边有少数锯齿。头状花序单生或数朵着生于主干之上；舌状花单轮，倒披针形而下垂，金黄色；管状花黄绿色。瘦果无毛，压扁，稍有四棱。花果期7～9月。

[**产地分布**] 原产北美。我国各地多有栽培。

[**生态习性**] 喜光，稍耐阴。忌水湿。耐寒，耐干旱、瘠薄。对土壤要求不严，喜通风良好、阳光充足的环境，在排水良好、疏松的沙质壤土中生长良好。

[**繁殖栽培**] 播种、分株繁殖。

[**观赏特性**] 株型较大，枝叶美观，花朵繁盛，颜色艳丽，观赏期长，能形成长达半年之久的艳丽花海景观。

[**园林应用**] 适于公园绿地、单位、庭院、居住小区、风景林地绿化，可植于花坛、花境、草地边缘或林缘。

[**同属常见植物**]

黑心菊　*R. hirta*

二年生花卉。全株被粗糙刚毛，上部叶片长圆状披针形，边缘有细至粗疏锯齿，两面被白色密刺毛。头状花序，管状花暗褐色或暗紫色。

金光菊

黑心菊

蒲公英

学　名: *Taraxacum mongolicum* Hand. -Mazz.
别　名: 婆婆丁
科　属: 菊科 蒲公英属

[形态特征] 多年生草本。植株含白色乳汁。叶基生，排成莲座状，狭倒披针形，逆向羽状分裂，裂片长圆状披针形或三角形，具齿，顶裂片较大，基部渐狭成柄，无毛或有蛛丝状细软毛。花葶比叶短或等长，结果时伸长，上部密被白色蛛丝状毛。头状花序单一，顶生，长约3.5cm；总苞片草质，绿色，部分淡红色或紫红色，先端有或无小角，有白色蛛丝状毛；舌状花鲜黄色，先端平截，5齿裂，两性。瘦果倒披针形，土黄色或黄棕色，有纵棱，有刺状突起，先端有喙，顶生白色冠毛。花果期3~6月。

[产地分布] 产自我国。多分布于北半球。

[生态习性] 喜光，耐寒，耐干旱、瘠薄。对土壤要求不严，喜肥沃、湿润、疏松、有机质高的土壤。

[繁殖栽培] 播种、分株繁殖。种子即采即播。

[常见病虫害] 病害有叶枯病、白粉病；虫害有蝼蛄、地老虎等。

[观赏特性] 花葶高挺，黄色花朵，朝气蓬勃，远望一片金黄。

[园林应用] 植于山坡、林缘、路旁、草地中，起点缀作用。

蒲公英果实

蒲公英花序

蒲公英

萱 草

学　名：*Hemerocallis fulva* L.
别　名：大花萱草
科　属：百合科 萱草属

萱草

萱草花序

[形态特征] 多年生草本。根状茎粗短，块根肉质纺锤形。叶基生，宽线形，长40～80cm，宽1.5～3.0cm，排成2行，柔软，全缘，背带白粉。花葶由叶丛中抽出，高60～100cm，直立，具分枝。聚伞花序，有小花6～12朵；苞片卵状披针形；花橘红至橘黄色，无香气，花梗短；花冠阔漏斗型。蒴果长圆形，革质。花期6～8月。

[产地分布] 原产我国。全国大部分地区多有分布栽培。

[生态习性] 喜光，耐半阴。耐寒，耐旱。适应性强，对土壤要求不严，以富含腐殖质、排水良好的湿润土壤为宜。

[繁殖栽培] 分株繁殖为主，也可播种繁殖。

[常见病虫害] 主要是锈病、叶斑病、炭疽病；蚜虫等。

[观赏特性] 绿叶成丛，花葶高挺，花色艳丽。良好的夏季观花植物。

[园林应用] 适用于花坛、花带、花境、林缘、草地或疏林中作地被栽植。亦可作盆栽或作切花材料。
　　承德地区应用广泛的观花植物。

'金娃娃'萱草

'金娃娃'萱草花序

[同属常见植物]

▶ '金娃娃'萱草 》 *H. fuava* 'Jinwawa'

叶自根基丛生，狭长成线形，叶脉平行，主脉明显。花数朵生于顶端，花大，黄色，先端6裂，钟状，常反卷。花期5~10月。良好的观花地被植物。

▶ 小黄花菜 》 *H. minor*

植株小巧；叶纤细，二列状基生，绿色；花2~6朵，柠檬黄色，浅漏斗形，背面有褐晕。花芳香，在傍晚开放，次日午前闭合。

承德坝上地区常见分布，可食用。

小黄花菜

玉簪

学 名: *Hosta plantaginea* Aschers.
别 名: 玉春棒，白玉簪
科 属: 百合科 玉簪属

[形态特征] 多年生草本。地下茎粗壮，有多数须根。叶基生成丛，具长柄，卵形至心状卵形，基部心形，叶脉呈弧状。总状花序顶生，高于叶片，花为白色，管状漏斗形，浓香。蒴果圆柱状，具3棱。花期6～8月；果期8～10月。

[产地分布] 原产我国。全国各地多有分布栽培。

[生态习性] 喜阴，忌阳光直射。耐寒，耐旱。性强健，对土壤要求不严，喜排水良好、肥沃湿润、富含腐殖质的土壤。

[繁殖栽培] 多采用分株繁殖，亦可播种。

[常见病虫害] 主要有叶枯病；蚜虫等。

[观赏特性] 叶大浓绿，花白如雪，芳香，花形独特似玉簪。优良的观白色花耐阴植物。

[园林应用] 适用于庭院、居住区、公园绿化。可植于花境、林下、林缘、岩石园或建筑物北侧。也可盆栽或作切花材料。

承德中南部可应用。

玉簪花序

玉簪

[同属常见植物]

▶ **紫 萼** 〉 *H .ventricosa*

又称紫玉簪。叶柄边缘常由叶片下沿而成狭翅状，叶柄沟槽较玉簪浅。花淡紫、堇紫色。叶、花均小于玉簪。

▶ **花叶玉簪** 〉 *H.undulata*

又称波叶玉簪。叶卵形，叶缘微波状，叶面有乳黄或白色斑纹，花暗紫色。

紫萼花序

花叶玉簪

卷 丹

学 名：*Lilium lancifolium* Thunb.
别 名：家百合
科 属：百合科 百合属

[形态特征] 多年生宿根草本。具扁球形地下鳞茎，茎直立，不分枝，草绿色。单叶，互生或轮生，狭线形，无叶柄，直接包生于茎干上，叶脉平行。叶腋间生出紫色颗粒状珠芽，其珠芽可繁殖成小植株。花着生于茎干顶端，呈总状花序，簇生或单生；花冠较大，橙红色，具紫黑色斑点；花筒较长，呈漏斗形喇叭状，6裂无萼片，反卷，因茎干纤细，花朵大，开放时常下垂。蒴果长椭圆形。花期7～8月；果期9～10月。

[产地分布] 原产我国。现各地多有分布栽培。

[生态习性] 喜光，略耐阴。耐寒，忌干旱，忌酷暑，喜凉爽潮湿、日光充足的环境。适宜肥沃、富含腐殖质、土层深厚、排水良好的沙质土壤。

[繁殖栽培] 播种、分小鳞茎、鳞片扦插和珠芽繁殖。

[常见病虫害] 主要有百合花叶病、鳞茎腐烂病、斑点病、叶枯病等。

[观赏特性] 株形优美，花形奇特，花大艳丽。

[园林应用] 可植于花坛、花境、园路两侧或林下，亦可盆栽或作切花材料。

卷丹珠芽

卷丹花序

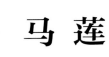

马 莲

学 名: *Iris lactea* var. *chinensis* Koidz.
别 名: 马兰花，马莲花，马蔺
科 属: 鸢尾科 鸢尾属

马莲

马莲花

[形态特征] 多年生草本。植株密丛状，根茎粗短，须根长而坚硬。叶基生，多数，坚韧，条形，无主脉，灰绿色，两面具稍突起的平行脉；基部具纤维状老叶鞘，下部红褐色。花茎与叶近等高，直立高10～30cm，顶生1～3朵花，蓝紫色或天蓝色。蒴果长圆柱形，具三棱，顶端细长。花期4～6月；果期6～9月。

[产地分布] 原产我国。东北、华北、西北等地多有分布栽培。

[生态习性] 喜光，稍耐阴。耐寒，耐旱，耐践踏，耐盐碱。对土壤要求不严，抗逆性和适应性强。根系发达。

[繁殖栽培] 播种、分株繁殖。

[常见病虫害] 主要有锈病、煤污病；地老虎、蛴螬等。

[观赏特性] 叶片青绿柔韧，花色淡雅，返青早，绿期长。

[园林应用] 适用于绿地、风景林地，可植于山坡、路边、岩石园或草坪边缘。优良的蓝色观赏地被植物。
　　承德地区优良的乡土观花植物。

鸢尾

学　名： *Iris tectorum* Maxim.
别　名： 蓝蝴蝶，扁竹花
科　属： 鸢尾科　鸢尾属

鸢尾

[形态特征] 多年生草本。植株较矮，根茎匍匐多节，节间短。叶剑形，质薄，锐尖，淡绿色，成二行排列，形如扇状。花茎与叶同高，单一或2分枝，每枝有花1～3朵。总状花序，花蓝色，蝶形；花被6片，筒部纤弱，长约3cm；外被片倒卵形，上面中央有一行鸡冠状白色带紫纹突起，内被片倒卵形，常成拱形。蒴果长椭圆形，有6棱。种子圆形，黑色。花期4～5月；果期7～9月。

[产地分布] 原产我国。全国各地多有分布栽培。

[生态习性] 喜光，耐半阴。耐寒，耐旱。喜湿润、排水良好、富含腐殖质的沙质壤土。

[繁殖栽培] 多用分株、播种繁殖。

[常见病虫害] 主要有锈病、白绢病、软腐病、花腐病；蚀夜蛾等。

[观赏特性] 花大，如鸢似蝶，叶片葱绿，似剑若带。优良的观叶、观花植物。

[园林应用] 在园林中可丛植、片植，布置花坛、花带、花境，也可植于池边、湖畔、石间、路旁。亦可作切花。

[同属常见植物]

德国鸢尾　*I. germanica*

叶剑形，稍革质。绿色略带白粉，花较鸢尾大，有纯白、白黄、姜黄、褐色、桃红、淡紫、深紫等色。

德国鸢尾

玉带草

学 名： *Phalaris arundinacea* var. *picta* L.
别 名： 银边草
科 属： 禾本科 虉草属

[形态特征] 多年生草本。具匍匐根状茎。叶扁平，线形，绿色，间具白边或黄色条纹，质地柔软，形似玉带。圆锥花序，小穗有尖顶，但无芒。花期6～7月。

[产地分布] 产自中国。东北、华北、华中、华南地区多有分布栽培。

[生态习性] 喜光，耐半阴。耐寒，耐湿，耐盐碱。喜湿润肥沃沙质土壤。

[繁殖栽培] 播种、分株繁殖。

[观赏特性] 株形优雅，叶形秀美。

[园林应用] 可布置花境、花带。用于水景园背景材料，也可点缀于桥、亭、榭四周。可盆栽或作切花。

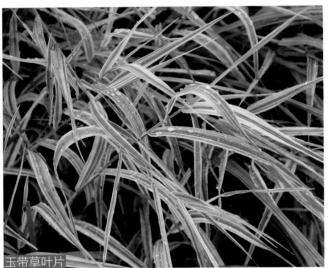

玉带草叶片

玉带草

美人蕉

学 名: *Canna indica* L.
别 名: 兰蕉，昙华
科 属: 美人蕉科 美人蕉属

美人蕉花序

[形态特征] 多年生球根草本花卉。株高可达100～150cm，根茎肥大；地上茎肉质，不分枝。茎叶具白粉，叶互生，宽大，长椭圆状披针形。总状花序自茎顶抽出，花径可达20cm，花瓣直伸，具四枚瓣化雄蕊。花色有乳白、鲜黄、橙黄、橘红、粉红、大红、紫红、复色斑点等50多个品种。花期6～10月。

[产地分布] 原产印度。我国各地均有栽培。

[生态习性] 喜温暖和充足的阳光，忌干燥，不耐寒。对土壤要求不严，在疏松肥沃、排水良好的沙壤土中生长最佳，也适应于肥沃黏质土壤中生长。

[繁殖栽培] 分株、播种繁殖。

[常见病虫害] 主要有花叶病、芽腐病；卷叶虫等。

[观赏特性] 花大色艳，色彩丰富，株形好，花期长。开花时正值炎热少花的季节，可大大丰富园林绿化中的色彩和季相变化，使园林景观轮廓清晰，美观自然。

[园林应用] 可布置路边花境、花带及花坛，也可片植于绿地或分车带。

承德地区应用可室内贮藏根茎越冬。

美人蕉

紫茉莉

学　名：*Mirabilis jalapa* L.
别　名：草茉莉，地雷花
科　属：紫茉莉科 紫茉莉属

[形态特征] 一年生草本。高约1m，茎直立，圆柱形，多分枝，节处膨大。单叶对生，三角状卵形，边缘微波状。花数朵集生枝端，萼片花瓣状，漏斗形，边缘有5波状浅裂，花具红、粉、黄、白及具有斑点的复色。花午后开放，次日午前闭合。瘦果球形，革质，黑色，表面具皱褶，似地雷。花期6～9月。

[产地分布] 原产美洲。我国各地多有栽培。

[生态习性] 喜光，耐半阴，不耐寒，耐干旱、瘠薄。喜温暖向阳的环境，适宜土层深厚、肥沃土壤。

[繁殖栽培] 播种繁殖。直根性，不耐移栽。

[常见病虫害] 主要有蚜虫。

[园林应用] 花色丰富，花形美丽。宜于大面积自然栽植，或房前屋后、路边丛植点缀，尤其宜栽于傍晚休息或夜晚纳凉之地。

紫茉莉种子

紫茉莉

半支莲

学 名：*Portulaca grandiflora* Hook.
别 名：龙须牡丹，松叶牡丹
科 属：马齿苋科 马齿苋属

半支莲

[形态特征] 一年生草本。株高15~20cm，茎匍匐状或斜生。叶圆棍形，肉质，于叶腋丛生白毛。花单生或数朵簇生枝端，单瓣或重瓣，花色有白、粉、红、黄、橙等深浅不一或具斑纹等复色品种。

[产地分布] 原产南美。我国各地习见栽培。

[生态习性] 喜光。好温暖而不耐寒。耐干旱、瘠薄，忌涝。适宜疏松土壤。

[繁殖栽培] 播种、扦插繁殖。自繁能力强。

[常见病虫害] 主要有蚜虫、菜青虫等。

[园林应用] 株矮叶茂，色彩丰富，花色艳丽。可作毛毡花坛或花境、花丛、花坛的镶边材料，也可盆栽。

半支莲花

石竹

学 名： *Dianthus chinensis* L.
别 名： 石竹梅
科 属： 石竹科 石竹属

[形态特征] 一、二年生草本。茎直立，或基部稍呈匍匐状，绿色，有节，节处膨大。叶线形，对生，基部抱茎，全缘。花大，顶生，单朵或数朵组成聚伞花序，花色丰富，稍有香气。自然花期5～9月。

[产地分布] 原产欧洲、亚洲和非洲。我国各地多有栽培。

[生态习性] 喜光，耐旱，较耐寒，忌水涝，不耐酷暑。对土壤要求不严，喜肥沃、疏松、排水良好及石灰质壤土。

[繁殖栽培] 播种繁殖。

[常见病虫害] 主要有锈病；红蜘蛛等。

[园林应用] 植株低矮，花朵繁密，花色艳丽，花期长。园林中广泛用于花坛、花境及花带镶边，也可盆栽或作切花。

石竹花

石竹

地 肤

学 名：*Kochia scoparia* (L.) Schrad.
别 名：扫帚草
科 属：藜科 地肤属

地肤

地肤

[形态特征] 一年生草本。全株被柔毛，多分枝，株形密集呈卵圆形至圆球形，高1～1.5m。叶线形，细密，草绿色。花小，单生或两朵生于叶腋，形成疏穗状花序，裂片黄绿色，向内弯曲。花期7～8月。

[产地分布] 原产欧洲和亚洲。我国各地习见栽培。

[生态习性] 喜光，耐干旱、瘠薄，不耐寒，耐炎热气候，对土壤要求不严。

[繁殖栽培] 播种繁殖。自播繁殖能力强。

[常见病虫害] 主要有地老虎等。

[园林应用] 以观赏叶及株形为主。在园林中宜于坡地草坪自然式栽植。也可作花坛中心材料，或成行栽植为短期绿篱之用。

五色苋

学　名：*Alternanthera bettzickiana* (Regel)Nichols.
别　名：五色草，模样苋，红绿草
科　属：苋科 虾钳菜属

五色苋

[形态特征] 一年生草本。高20～40cm，茎直立，多分枝，绿色或红色。叶对生，椭圆形，全缘，叶色有绿、红、紫等。头状花序腋生，花小，白色，花被5片，无花瓣。

[产地分布] 原产南美。我国各地多有栽培。

[生态习性] 喜光，喜温暖，畏寒。在光照充足环境下，叶色美丽。适宜凉爽环境和疏松、排水良好土壤。炎热的夏季生长迅速。

[繁殖栽培] 扦插繁殖。

[常见病虫害] 主要有叶斑病；介壳虫、红蜘蛛、白粉虱、蛞蝓等。

[园林应用] 观叶植物，极耐修剪，分枝性强，适合作模纹花坛材料，可表现平面图案、浮雕式或立体模样。

五色苋叶片

鸡冠花

学 名： *Celosia argentea* L.
别 名： 红鸡冠
科 属： 苋科 青葙属

[形态特征] 一年生草本。高25～90cm，分枝少。叶互生，有柄，卵形至线状，变化不一，全缘，基部渐狭窄。叶色有黄绿、绿、淡红等。穗状花序大，顶生，肉质；中下部集生小花，花被膜质，上部花退化，但密被羽状苞片，花序有白、黄、橙、红、玫瑰紫等色。自然花期8～10月。

[产地分布] 原产印度。我国各地多有栽培。

[生态习性] 喜欢炎热而空气干燥的环境，不耐寒冷。喜阳光充足。喜肥沃的沙质土壤，忌涝。生长迅速。

[繁殖栽培] 播种繁殖。高大品种生长期较长，若播种太晚，种子结实不佳，花期缩短。

[常见病虫害] 主要有立枯病、茎腐病；蚜虫、夜蛾等。

[园林应用] 色彩绚丽，经久不凋。夏秋常用花卉。矮型及中型用于花坛及盆栽观赏，高型适于做花境和切花。适于花坛、花境、花丛应用。

[同种常见类型] 扫帚鸡冠、子母鸡冠、圆绒鸡冠、凤尾鸡冠等。

头状鸡冠花

穗状鸡冠花

羽状鸡冠花

千日红

学　名：*Gomphrena globosa* L.
别　名：火球，千日草
科　属：苋科 千日红属

千日红

[形态特征] 一年生草本。株高40～60cm，全株有细毛。单叶对生，椭圆形至倒卵形，全缘。头状花序球形，花小而密生，1～3簇生于总梗端，膜质苞片，深红、紫红、浅红、白等色。

[产地分布] 原产印度。我国各地习见栽培。

[生态习性] 喜欢炎热干燥气候，不耐寒。要求向阳、疏松而肥沃的土壤。

[繁殖栽培] 播种繁殖。

[常见病虫害] 主要有叶斑病、白粉病；蚜虫等。

[园林应用] 色彩鲜艳，不凋不落。可作园林露地栽植，也可盆栽。花序适合做成干花，经久色泽不变，为民间传统装饰用。

千日红花序

虞美人

学 名： *Papaver rhoeas* L.
别 名： 丽春花
科 属： 罂粟科 罂粟属

[**形态特征**] 一、二年生草本。茎细长，高约30～60cm，全株被疏毛，有乳汁。叶互生，羽状全裂，裂片线状披针形，边缘有粗锯齿。花单生茎顶，未开时花蕾下垂，开时直上，花瓣薄，单瓣至重瓣，具光泽，色有粉、白、紫、红、黄等深浅变化。自然花期4～5月。

[**产地分布**] 原产欧洲及亚洲。我国各地多有栽培。

[**生态习性**] 喜阳光充足、凉爽气候，不耐炎热。对土壤要求不严，适宜干燥、通风环境和肥沃、疏松土壤，但不宜湿热、过肥。

[**繁殖栽植**] 播种繁殖。

[**常见病虫害**] 主要有叶斑病、霜霉病、腐烂病；金龟子幼虫、介壳虫等。

[**园林应用**] 轻盈柔美，花色丰富艳丽。可植于花坛、花境、草地边缘，亦可盆栽或作切花材料。极好的春季观花植物。

虞美人

醉蝶花

学　名： *Cleome spinosa* L.
别　名： 凤蝶草，紫龙须
科　属： 白花菜科 醉蝶花属

醉蝶花

[形态特征] 一年生草本。株高60～150cm，被有黏质腺毛，枝叶具气味。掌状复叶互生，小叶5～9枚，长椭圆状披针形，有叶柄，两枚托叶演变成钩刺。总状花序顶生，边开花边伸长；花多数，花瓣4枚，淡紫色，具长爪，雄蕊6枚，蓝紫色，明显伸出花外，雌蕊更长。蒴果细圆柱形，内含种子多数。花期7～11月。

[产地分布] 原产美洲。我国各地多有栽培。

[生态习性] 适应性强，喜光，较耐暑热，不耐寒，耐干旱，忌积水。对土壤要求不严，喜湿润、水肥充足的壤土。对二氧化硫、氯气均有良好的抗性。

[繁殖栽植] 播种、扦插繁殖。

[常见病虫害] 主要有叶斑病、锈病等。

醉蝶花花序

[园林应用] 可在夏秋季节布置花坛、花带、花境，也可进行矮化栽培，将其作为盆栽观赏。

羽衣甘蓝

学 名: *Brassica oleracea* var. *acphala* f. *tricolor*
别 名: 叶牡丹，牡丹菜，花包菜
科 属: 十字花科 甘蓝属

[形态特征] 一、二年生草本。植株低矮，根系发达。茎短缩，密生叶片。叶片肥厚，倒卵形，被有蜡粉，深度波状皱褶，呈鸟羽状；叶缘有紫红、绿、红、粉等颜色，叶面有淡黄、绿等颜色。花序总状，虫媒花。角果扁圆形，种子圆球形，褐色。

[产地分布] 原产欧洲。我国多有栽培。

[生态习性] 好肥，喜阳光，较耐阴，不耐涝，耐盐碱。

喜冷凉温和气候，耐寒性强。对土壤适应性强，以腐殖质丰富的肥沃沙质壤土或黏质壤土最宜。

[繁殖栽培] 播种繁殖。

[常见病虫害] 主要有蚜虫、卷叶蛾、菜青虫等。

[园林应用] 叶色、叶形丰富多变。适宜花坛、花境、花带布置，也可盆栽应用。

承德地区秋冬季良好的露地花卉。

羽衣甘蓝

羽衣甘蓝

二月蓝

学 名：*Orychophragmus violaceus* (L.) O. E. Schulz
别 名：诸葛菜
科 属：十字花科 诸葛菜属

二月蓝

[形态特征] 二年生草本。株高20～50cm，茎直立，全株光滑无毛，有白色粉霜。基生叶和下部茎生叶羽状深裂，叶基心形，叶缘有波状钝齿。总状花序顶生，花瓣4枚，深紫色或浅紫色。果实为长角形。花期4～5月；果期5～6月。

[产地分布] 原产我国。东北、华北及华东地区多有分布栽培。

[生态习性] 喜光，稍耐阴。耐寒性强，耐干旱、瘠薄。喜疏松、肥沃沙质壤土，适生性强。

[繁殖栽培] 播种繁殖。自繁能力强。

[常见病虫害] 主要有白粉病；蚜虫、菜青虫、蜗牛、潜叶蝇等。

[园林应用] 叶绿葱葱，一片碧绿，花朵繁茂，清新淡雅。在公园绿地、林带、住宅小区、路旁、边坡、风景林地常有种植。

　　承德地区良好的早春观花植物。

天竺葵

学 名： *Pelargonium hortorum* Bailey
别 名： 洋绣球
科 属： 牻牛儿苗科 天竺葵属

[形态特征] 多年生直立草本，作一、二年生栽培。株高30～60cm，全株被细毛和腺毛，具异味，茎肉质。叶互生，圆形至肾形，通常叶缘内有马蹄纹。伞形花序顶生，总梗长，有直立和悬垂两种，花色有红、桃红、橙红、玫瑰、白或混合色。有单瓣、重瓣之分，还有叶面具白、黄、紫色斑纹的彩叶品种。蒴果成熟时5瓣开裂，而果瓣向上卷曲。花期5～6月。

[产地分布] 原产南非。我国各地习见栽培。

[生态习性] 喜冷凉，不耐寒，忌高温。喜阳光充足、排水良好的肥沃壤土。不耐水湿，稍耐干旱。

[繁殖栽培] 播种、扦插繁殖。

[常见病虫害] 主要有细菌性叶斑病。

[园林应用] 可作春季花坛用花，丛植、片植，也可盆栽应用。

[同属常见植物] 蔓生天竺葵、香叶天竺葵、马蹄纹天竺葵、盾叶天竺葵、家天竺葵。

天竺葵花序

天竺葵

非洲凤仙

学 名： *Impatiens walleriana* Hook f.
别 名： 温室凤仙，沃勒凤仙
科 属： 凤仙花科 凤仙花属

非洲凤仙花

非洲凤仙

[形态特征] 多年生草本，常作一年生栽培。茎直立，肉质，多分枝，多汁，光滑，节间膨大，在株顶呈平面开展。叶心形，有长柄，边缘具钝锯齿。花腋生，1～3朵，花形扁平，花瓣分单瓣和重瓣。花色有杏红、橙红、白和鲜红等20种颜色。

[产地分布] 原产非洲。我国各地习见栽培。

[生态习性] 喜温暖湿润和阳光充足环境，耐半阴。不耐高温和烈日暴晒。适宜疏松、肥沃、排水良好的土壤。

[繁殖栽培] 播种、扦插繁殖。

[常见病虫害] 主要有白粉病、褐斑病、立枯病等。

[园林应用] 叶色浓绿，花朵繁密，花形美丽。可应用于花坛、花境、花带、草坪边缘及风景林地。最适宜在半阴环境下应用。适于吊篮、花墙、阳台栽植，亦可盆栽。

[同属常见种及品种]

新几内亚凤仙（*I. hawkeri*）、'光谱'（'Spectra'）、'火湖'（'Firelake'）、'坦戈'（'Tango'）。

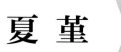

夏 堇

学 名： *Torenia fournieri* Lindl. ex Fourn.
别 名： 蓝猪耳，虎口仔
科 属： 玄参科 夏堇属

[形态特征] 直立草本。株高15~50cm，茎几无毛，具4窄棱，不分枝或中、上部分枝。叶对生，长卵形或卵形，几无毛，先端略尖或短渐尖，基部楔形，边缘具短尖的粗锯齿。花在枝顶成总状花序，萼椭圆形，绿色或顶部与边缘略带紫红色，具5片宽约2mm下延的翅，果实成熟时，翅可达3mm，萼齿2片。花冠筒淡青紫色，背黄色；上唇直立，浅蓝色，宽倒卵形，顶端微凹，下唇裂片矩圆形或近圆形，紫蓝色，中裂片的中下部有一黄色斑块。蒴果长椭圆形。花期6~12月。

[产地分布] 原产越南。我国南方常见栽培。

夏堇

夏堇花

夏堇

夏堇花

[生态习性] 性喜光。耐热性强，耐寒性差，对土壤要求不严，喜湿润、排水良好、中性或微碱性的壤土。

[繁殖栽培] 播种、扦插繁殖。

[常见病虫害] 主要有蚜虫等。

[园林应用] 株形美观，花朵小巧，唇形花冠，花色淡雅，是布置花坛的优良品种，也可作为花境的背景材料，亦可盆栽。

三色堇

学　名：*Viola tricolor* L.
别　名：蝴蝶花
科　属：堇菜科 堇菜属

[形态特征] 多年生草本，常作二年生栽培。株高15～25cm。茎直立或横卧，光滑无毛，多分枝。叶互生，基生叶圆心脏形，有长柄；茎生叶较狭，托叶宿存，基部羽状深裂。花大，约5cm，腋生，下垂，有总梗及2苞片；花色通常有黄、白、紫三色或单色。蒴果椭圆形，三瓣裂，种子倒卵形。栽培品种有纯白、浓黄、堇紫、蓝、青、古铜色等。自然花期4～6月。

[产地分布] 原产南欧。我国各地习见栽培。

[生态习性] 喜光，耐半阴。较耐寒，喜凉爽环境，忌炎热。对土壤要求不严，喜肥沃、湿润的沙质壤土。

[繁殖栽培] 播种繁殖。秋播8月下旬，翌年4月定植。

[常见病虫害] 主要有叶斑病；黄胸蓟马等。

[园林应用] 株型低矮，花色瑰丽。多用于花坛、花境及花带镶边材料或作春季球根花卉"衬底"栽植，也可盆栽。

[同属常见植物] 角堇、丛生三色堇。

三色堇

三色堇

四季秋海棠

学 名: *Begonia semperflorens* Link et Otto
别 名: 玻璃翠，瓜子海棠
科 属: 秋海棠科 秋海棠属

[形态特征] 多年生草本，多作一年生栽培。茎直立，多分枝，稍肉质，高15~45cm。叶互生，卵圆至广卵圆形，基部斜生，有光泽，边缘有锯齿，顶端短尖至圆钝，绿色或紫红色。雌雄同株异花，聚伞花序腋生，花色有红、粉红、白等色，单瓣或重瓣。花期6~9月。

[产地分布] 原产巴西。我国各地习见栽培。

[生态习性] 喜光，稍耐阴。怕寒冷，不耐高温和强光，喜温暖、稍阴湿的环境和疏松、肥沃的土壤。

[繁殖栽培] 播种、扦插繁殖。

[常见病虫害] 主要有茎腐病；斑衣蜡蝉等。

[园林应用] 株形圆整，花多而密集。可布置公园绿地、游园等处的花坛、花境、花带，亦可作盆栽观赏和花柱、花球等立体绿化。

四季秋海棠

四季秋海棠叶片

四季秋海棠花

长春花

学 名: *Catharanthus roseus* (L.) G. Don
别 名: 日日草，四时花
科 属: 夹竹桃科 长春花属

[形态特征] 多年生草本，常作一年生栽培。株高20～60cm，茎直立，基部木质化。叶对生，膜质，长圆形，基部楔形具短柄，常浓绿色而具光泽。花单生或数朵腋生，花筒细长，花冠裂片5。颜色有蔷薇红、白色、玫瑰红等。花期春至深秋。

[产地分布] 原产非洲。我国各地习见栽培。

[生态习性] 喜光，耐半阴。怕干热，较耐寒，忌水涝。喜湿润、肥沃的沙质壤土，在半阴环境下生长良好。

[繁殖栽培] 播种繁殖，亦可扦插。

[常见病虫害] 主要有苗期猝倒病、灰霉病、立枯病等。

[园林应用] 株形清秀，花大艳丽，花期较长。多布置花坛、花带、花境及疏林下。北方常盆栽作温室花卉，可四季观赏。

长春花

长春花

金叶薯

学　名：*Ipomoea batatas* ‘Taion No.62’
别　名：金叶番薯，金叶甘薯
科　属：旋花科 番薯属

金叶薯叶片

金叶薯

[形态特征] 多年生草本，作一年生栽培。茎呈蔓性，黄色。叶呈心形或不规则卵形，偶有缺裂，叶色黄绿色。花喇叭形。

[产地分布] 原产美洲中部。我国各地习见栽培。

[生态习性] 性强健，喜光，不耐阴。喜高温。喜深厚肥沃的沙质壤土。

[繁殖栽培] 扦插、分块根繁殖。

[常见病虫害] 主要有黑斑病；蚜虫等。

[园林应用] 著名的观黄色叶植物。可作地被材料，与其他彩叶植物配植，起到很好的对比与衬托作用，亦可作垂吊观赏应用。

美女樱

学　名： *Verbena hybrida* Voss
别　名： 草五色梅，美人樱
科　属： 马鞭草科 马鞭草属

[形态特征] 一年生草本。全株具灰色柔毛，茎四棱，横展，匍匐状，低矮粗壮，丛生而铺覆地面。叶对生，有短柄，长圆形、卵圆形或披针状三角形。多数小花密集排列呈伞房状；花色多，有白、粉红、深红、紫、蓝等，也有复色品种，略具芬芳。花期长。

[产地分布] 原产南美洲。我国各地习见栽培。

[生态习性] 喜光，不耐阴。较耐寒，不耐旱。喜温暖湿润气候，对土壤要求不严，在疏松肥沃、较湿润的中性土壤上生长健壮，开花繁茂。

[繁殖栽培] 播种、扦插繁殖。

[常见病虫害] 主要有白粉病、霜霉病；蚜虫、粉虱等。

[园林应用] 株丛矮密，花繁色艳，花期长。可用作花坛、花境、花带、草坪、林缘绿化，也可大面积栽植于风景林地，亦可盆栽。

[同属常见植物] 加拿大美女樱、红叶美女樱、细叶美女樱等。

美女樱花序

美女樱

美女樱

彩叶草

学　名: *Coleus blumei* Benth
别　名: 五彩苏，老来少
科　属: 唇形科 鞘蕊花属

[**形态特征**] 多年生草本，常作一、二年生栽培。株高50~80cm，全株有毛，茎四棱。单叶对生，卵圆形，先端长渐尖，缘具钝齿，常有深缺刻，叶有金黄、玫红或粉色，或绿色叶着有淡黄、桃红、朱红、紫等色彩鲜艳的斑纹。顶生总状花序，花小，浅蓝色或浅紫色。小坚果平滑有光泽。

[**产地分布**] 原产亚洲。我国各地习见栽培。

[**生态习性**] 喜充足阳光、温暖湿润且通风良好的环境，不耐寒。宜肥沃、疏松、排水良好的沙质壤土。夏季高温时稍加遮阴，光线充足能使叶色鲜艳，忌暴晒。

彩叶草

彩叶草

彩叶草

彩叶草

[**繁殖栽培**] 播种、扦插繁殖。

[**常见病虫害**] 主要有立枯病、猝倒病、灰霉病；红蜘蛛等。

[**园林应用**] 色彩鲜艳，五彩缤纷。可应用于花坛、花境、花带绿化，亦可盆栽或作切花。良好的观叶植物。

假龙头花

学 名：*Physostegia virginiana* Benth.
别 名：伪龙头，芝麻花
科 属：唇形科 假龙头花属

[形态特征] 多年生草本，常作一、二年生栽培。茎丛生而直立，四棱形。单叶对生，披针形，亮绿色，边缘具锯齿。穗状花序顶生，每轮有花20朵，排列紧密，花淡紫红色。花期7～9月。

[产地分布] 原产北美洲。我国各地多有栽培。

[生态习性] 喜光，耐半阴。耐寒，喜肥。适应性强，喜排水良好的壤土或沙壤土，夏季干燥生长不良。

[繁殖栽培] 播种、分株繁殖。自繁能力强。

[常见病虫害] 主要有白粉病、叶斑病；蚜虫等。

[园林应用] 叶形整齐，花色艳丽，花穗长、醒目。常应用于花坛、花境、花带、道路及风景林地绿化或作切花材料。优良的观花植物。

假龙头花花序

假龙头花

一串红

学　名：*Salvia splendens* Ker-Gawl.
别　名：爆仗红，墙下红
科　属：唇形科 鼠尾草属

一串红

[形态特征] 多年生草本，多作一年生栽培。高可达90cm，茎基部半木质化，多分枝，茎四棱。叶对生，深绿色，有长柄，叶片卵形，先端渐尖，叶缘具锯齿。顶生总状花序，被红色柔毛；花2～6朵轮生，萼钟形，两唇宿存，红色；花冠唇形，有长筒伸出萼外。坚果卵形，黑褐色。栽培品种有鲜红、白、粉、紫等色和矮生品种。

[产地分布] 原产南美洲。我国各地多有栽培。

[生态习性] 喜光，耐半阴。不耐寒，忌干热，不耐涝。最适合生长温度为20～25℃，5℃以下停止生长。炎热的夏季长势衰弱。喜疏松、肥沃土壤。

[繁殖栽培] 播种、扦插繁殖。

[常见病虫害] 主要有腐烂病；白粉虱、红蜘蛛、潜叶蝇、蚜虫等。

一串红花序

[园林应用] 花形独特，花色鲜艳。良好的观花植物。常用作花丛、花坛的主体材料，矮生品种更适于花坛用。在北方也常作盆栽观赏。

[同属常见植物] 一串紫、一串蓝。

矮牵牛

学　名: *Petunia hybrida* Vilm.
别　名: 碧冬茄，灵芝牡丹
科　属: 茄科　碧冬茄属

[形态特征] 多年生草本，常作一年生栽培。株高20～60cm，全株被黏毛，茎直立或倾卧。叶卵形，全缘，几无柄，上部对生，下部多互生。花单生叶腋或枝端，花冠漏斗状，长5～7cm，有直立和垂吊型；花形和花色多变化，有单瓣、重瓣、瓣缘褶皱或呈不规则锯齿；花色有白、粉、红、紫、赭色和各种斑纹。蒴果尖卵形。

[产地分布] 原产南美洲。园艺栽培种。我国各地多有栽培。

[生态习性] 喜光，耐旱，耐酷暑，较耐寒，忌雨涝。喜温暖、湿润的环境及排水良好的微酸性土壤。

[繁殖栽培] 播种、扦插繁殖。

[常见病虫害] 主要有叶斑病、花叶病；蚜虫等。

[园林应用] 花色丰富，花大艳丽。布置花坛和地栽的主要植物。大花及重瓣品种常供盆栽观赏。温室栽培可四季开花。垂吊型矮牵牛是灯杆、花柱、窗台等立体绿化的首选品种。

矮牵牛花

矮牵牛

金鱼草

学 名： *Antirrhinum majus* L.
别 名： 龙口花，龙头花
科 属： 玄参科 金鱼草属

[形态特征] 多年生草本，常作一、二年生栽培。株高20～90cm，茎直立，中上部有茸毛。叶对生或上部互生，叶片披针形至阔披针形，全缘，光滑。总状花序，小花有短梗；花冠筒状，唇形，基部膨大成囊状；唇瓣2个，花色有粉、红、紫、黄、白或复色。蒴果卵形。自然花期5～7月。栽培品种有高、中、矮型。

[产地分布] 原产南欧地中海沿岸及北非。我国各地广泛栽培。

[生态习性] 喜阳光，稍耐半阴。较耐寒，不耐酷热。喜排水良好的土壤及凉爽环境。

[繁殖栽培] 播种繁殖，也可扦插。

[常见病虫害] 主要有猝倒病、立枯病；红蜘蛛、蚜虫等。

[园林应用] 花色丰富，颜色艳丽。高、中型宜作切花及花境栽培；中、矮型可用于布置花坛、花带；矮型品种可广泛用于花坛、花带及岩石园，也可盆栽。

[同属常见植物] 匍生金鱼草。

金鱼草花

金鱼草

藿香蓟

学 名：*Ageratum conyzoides* L.
别 名：胜红蓟
科 属：菊科 藿香蓟属

藿香蓟

[形态特征] 一、二年生草本。基部多分枝，丛生状，全株具白色柔毛。叶对生，有沟纹，卵圆状三角形，边缘具圆钝锯齿。头状花序小，在茎或分枝的顶端排成稠密的复伞房花序，小花为管状花，白色、淡蓝紫色、浅紫色。

[产地分布] 产自北美洲。我国各地习见栽培。

[生态习性] 喜阳光充足、凉爽湿润环境。适宜肥沃、疏松土壤。

[繁殖栽培] 播种、扦插繁殖。

[常见病虫害] 主要有根腐病、锈病；红蜘蛛、夜蛾、白粉虱等。

[园林应用] 花朵繁多，色彩淡雅，给人轻松、舒缓的感觉。可植于花坛、花境、花带及小径边上，也可作为毛毡花坛材料。良好的观花地被植物。

藿香蓟花序

雏 菊

学 名: *Bellis perennis* L.
别 名: 延命菊，春菊
科 属: 菊科 雏菊属

雏菊

雏菊花序

雏菊花序

雏菊花序

[形态特征] 多年生草本，常作二年生栽培。植株矮小，全株具毛，高7～15cm。叶基生，长匙形或倒长卵形，基部渐狭，先端钝，微有齿。花葶自叶丛中抽出，头状花序单生，舌状花条形，平展，排列于盘边，白色、浅红色或红色；管状花黄色。瘦果倒卵形。自然花期4～6月。

[产地分布] 原产西欧。我国各地习见栽培。

[生态习性] 喜光，耐半阴。较耐寒，忌炎热。喜冷凉气候。以肥沃、富含腐殖质的土壤为宜。半阴环境下，可延长花期。

[繁殖栽培] 以播种繁殖为主，也可分株。一般在8～9月份露地播种，在10月下旬移植阳畦越冬，第二年4月初即可定植露地。

[常见病虫害] 主要有叶枯病；菊天牛、棉蚜等。

[园林应用] 叶色浓绿，花形清秀。宜栽于花坛、花境的边缘，或沿小径栽植，也可与春节开花的球根花卉配植，亦可盆栽观赏。

金盏菊

学　名: *Calendula officinalis* L.
别　名: 金盏花，常春花
科　属: 菊科 金盏菊属

[**形态特征**] 一、二年生草本。株高30～60cm，全株具毛。叶互生，长圆至长圆状倒卵形，全缘或有不明显锯齿，基部稍微抱茎。头状花序单生，花径4～10cm。花色一般为黄色。瘦果弯曲。花期4～6月；果熟期5～7月。

[**产地分布**] 原产南欧。我国各地习见栽培。

[**生态习性**] 喜光，忌酷暑，较耐寒。适应性强，对土壤及环境要求不严，以疏松、肥沃的土壤和阳光充足环境为好。

[**繁殖栽培**] 播种繁殖。

[**常见病虫害**] 主要有白粉病、灰霉病、灰斑病；白粉虱、蚜虫等。

[**园林应用**] 花形优美，花色娇艳。早春花卉。可植于花坛、花带、花境及园路旁，也可盆栽观赏。

金盏菊花序

金盏菊

金盏菊

翠 菊

学 名： *Callistephus chinensis* Nees.
别 名： 江西腊，七月菊
科 属： 菊科 翠菊属

[形态特征] 一年生草本。全株疏生短毛；茎直立，上部多分枝，高20～100cm。叶互生，叶片卵形至长椭圆形，有粗钝锯齿，两面疏被短柔毛，下部叶有柄，上部叶无柄。头状花序单生枝顶，花径5～8cm，栽培品种花径3～15cm；栽培品种花色丰富，有绯红、桃红、橙红、粉红、浅红、紫色、蓝、天蓝、白、乳白、乳黄、浅黄等颜色。

[产地分布] 原产我国。全国各地广泛栽培。

[生态习性] 浅根性。不耐水涝，忌酷热。要求光照充足。对土壤要求不严，喜适度肥沃、湿润、排水良好的壤土或沙质壤土。

[繁殖栽培] 播种繁殖。栽培上不宜连作，需隔4～5年后才可再行栽植。

[常见病虫害] 主要有锈病、黑斑病、病毒病、立枯病等。

[园林应用] 花色丰富，姿色兼美，花期长。矮型种类可用于毛毡花坛和花坛边缘，也宜盆栽；中型和高型种类适于各种类型的园林布置；高型种类常作为"背景花卉"，亦是良好的切花材料。

翠菊花序

翠菊

矢车菊

学 名: *Centaurea cyanus* L.
别 名: 蓝芙蓉
科 属: 菊科 矢车菊属

[**形态特征**] 一年生草本。高30~70cm，茎直立，多分枝，全株多白色绵毛。叶互生，长椭圆状披针形，全缘，有时近基部羽裂。头状花序单生枝顶，重瓣，花瓣边缘有锯齿，有白、红、蓝、紫等色。

[**产地分布**] 原产欧洲。我国各地习见栽培。

[**生态习性**] 喜光，较耐寒，好冷凉，忌炎热。对土壤要求不严，喜肥沃、疏松土壤和日光充足环境。

[**繁殖栽培**] 播种繁殖。自播能力强。

[**常见病虫害**] 主要有菌核病；蚜虫等。

[**园林应用**] 可大片群植，形成自然景观，或作坡地地被花卉，也可用于花境或花坛、花带布置，亦可盆栽观赏。

矢车菊

矢车菊

波斯菊

学　名: *Cosmos bipinnatus* Cav.
别　名: 大波斯菊，扫帚梅
科　属: 菊科　秋英属

波斯菊

[形态特征] 一年生草本。高50～200cm，茎直立，多分枝。叶对生，二回羽状复叶，全裂，裂片较稀疏，小叶呈线形。头状花序单生于长总梗上，花葶细长，中心筒状，花有白、粉红及深红色，有重瓣或半重瓣。花期6～10月。

[产地分布] 原产墨西哥。我国各地习见栽培。

[生态习性] 喜光，耐干旱、瘠薄，忌酷暑。对土壤要求不严，适宜肥沃、疏松的沙质壤土。

[繁殖栽培] 播种繁殖。自播繁衍能力极强。

[常见病虫害] 主要有霜霉病、白粉病；蚜虫、叶螨等。

[园林应用] 花葶高挺，花姿柔美可爱。用于花丛、花群、花境布置，路边、坡地及风景林地良好的绿化植物，也可作切花。

波斯菊

黄帝菊

学 名: *Melampodium paludosum*
别 名: 美兰菊
科 属: 菊科 腊菊属

[形态特征] 一年生草本。植株高约30～50cm，全株粗糙，分枝密集。叶对生，阔披针形或长卵形，先端渐尖，缘具锯齿。头状花序顶生，星状，舌状花金黄色，管状花黄褐色。瘦果。

[产地分布] 原产巴西。我国各地习见栽培。

[生态习性] 喜光，耐热，耐湿，稍耐旱，对土壤要求不严。

[繁殖栽培] 播种繁殖。自播繁衍能力极强。

[常见病虫害] 主要有炭疽病、枯萎病；蚜虫等。

[园林应用] 小花满布，金黄明媚，花期长。适于花坛、花境及道路绿化。也可盆栽应用。

黄帝菊

黄帝菊

万寿菊

学　名：*Tagetes erecta* L.

别　名：臭芙蓉

科　属：菊科 万寿菊属

[**形态特征**] 一年生草本。高25～90cm，茎光滑而粗壮，绿色或有棕褐色晕。叶对生，羽状全裂，裂片披针形，具有明显油腺点，有异味。头状花序顶生，具有长总梗，中空，花径5～13cm。栽培品种多，花色有乳白、黄、橙色至橘红色及复色等；花型有单瓣、重瓣、托桂、绣球等型变化。自然花期7～9月。

[**产地分布**] 原产墨西哥。我国各地习见栽培。

[**生态习性**] 喜温暖，稍耐早霜。要求阳光充足，在半阴处也可正常生长。对土壤要求不严，抗性强，耐移植，生长迅速。

[**繁殖栽培**] 播种、扦插繁殖。

[**常见病虫害**] 病害主要有黑斑病、白粉病、立枯病;虫害主要有蚜虫、介壳虫等。

[**园林应用**] 花大色艳，花期长。矮型品种适作花坛、花带、花境栽植；高型品种可作花境布置及切花。也可提取色素。

孔雀草

万寿菊

[**同属常见种类**]

孔雀草 　 *T. patula*

一年生草本，高20～30cm。茎直立，多分枝。叶对生或互生，叶羽状全裂，裂片披针形。头状花序具长梗，有单、重瓣品种，花有黄、金黄、橙黄或浅黄等色，或具紫红色、黄色花边，径4～7cm。

百日草

学 名：*Zinnia elegans* Jacq.
别 名：百日菊，步步高
科 属：菊科 百日草属

百日草

百日草

[形态特征] 一年生草本。株高20～90cm，茎直立，被粗毛或长硬毛。叶对生，卵形至长椭圆形，具有短的粗糙硬毛，微呈抱茎状，全缘。头状花序单生枝顶。花色有白、黄、红、紫等。瘦果形大。自然花期6～9月。主要花型：

大花重瓣型：花径达到12cm以上。

纽扣型：花径2～3cm，花瓣极重瓣性。全花呈圆球形。

鸵羽型：花瓣带状而扭旋。

大丽花型：花瓣先端蜷曲

斑纹型：花具不规则的复色条纹或斑点。

低矮型：株高仅15～20cm。

[产地分布] 原产墨西哥。我国各地多有栽培。

[生态习性] 喜阳光，耐酷暑，喜温暖、湿润环境。要求肥沃而排水良好的土壤。

[繁殖栽培] 播种繁殖。侧根少，应及早定植，若苗大再移植，下部叶片干枯影响观赏。

[常见病虫害] 主要有黑斑病、花叶病、立枯病等。

[园林应用] 花色丰富，美观艳丽。常用于布置花坛、花境、花带，也可盆栽或作切花材料。

[同属常见植物]

小百日草 *Z. angustifolia*

别名小百日菊，一年生草本，高30～40cm。茎多分枝。单叶对生，长椭圆形，全缘。头状花序顶生，舌状花单轮，有金黄、橙黄和白等色，花径5cm，中盘花凸起，花开后暗紫色。

红蓼

学　名： *Polygonum orientale* L.
别　名： 红草，天蓼，水红花
科　属： 蓼科　蓼属

[形态特征] 一年生挺水草本。根粗壮，表面红褐色，内部黄褐色。茎直立，高1～2m，通常多分枝，小枝开展，节部稍膨大，中空。茎及叶密被长柔毛，叶卵形或长椭圆形，先端渐尖，基部圆形或宽楔形，全缘，有时呈浅波状，叶脉明显凸起。总状花序呈穗状，顶生和腋生，花序梗密被长柔毛，花序紧密，粗壮，呈圆柱状，稍下垂；苞片卵形，倾斜，有长缘毛，每苞片内生多数从下而上相继开放白色或粉红色的小花，花开时下垂。瘦果近圆形，扁平。花果期4～9月。

[产地分布] 产自我国。全国各地多有分布栽培。

[生态习性] 喜温暖湿润、光照充足的环境，耐瘠薄，适应性强。

[繁殖栽培] 播种繁殖。自繁能力强，常被误认为是多年生植物。

[园林用途] 株形飘逸，花序优雅。可应用于浅水域、湿地、湖边等处绿化，亦可作切花材料。

[同属常见植物]

水 蓼　*P. hydropiper*

高40～80cm，直立或下部伏地。花疏生，淡绿色或淡红色。

红蓼

芡 实

学 名： *Euryale ferox* Salisb.
别 名： 鸡头米，芡
科 属： 睡莲科 芡属

[形态特征] 一年生大型浮叶草本。根状茎粗壮。茎不明显或束生。叶二型，初生叶为沉水叶，箭形或椭圆形，两面具刺；浮水叶革质，圆状盾形，网状叶脉隆起，有或无弯缺，全缘，叶面绿色，叶背紫色，有短柔毛，两面在叶脉分支处集有锐刺；叶柄及花梗粗壮，皆有硬刺。花瓣矩圆披针形或披针形，紫红色，成数轮排列，向内渐变成雄蕊。浆果球形，海绵质，紫红色，外密生硬刺，上有萼片宿存。昼开夜合。花果期6～10月。

[产地分布] 原产我国。全国各地多有分布栽培。

[生态习性] 喜光，耐热，耐瘠，不耐寒。对土壤要求不严，适宜腐殖质多的轻黏性土壤。

[繁殖栽培] 播种繁殖。

[常见病虫害] 主要有叶斑病、叶瘤病、霜霉病；蚜虫、叶蝉等。

[园林用途] 叶大肥厚，形状奇特，花色明丽。可植于湿地、浅水等处布置水景，多与荷花、睡莲等配置。

芡实

荷 花

学　名： *Nelumbo nucifera* Gaertn.
别　名： 莲，芙渠
科　属： 睡莲科 莲属

[形态特征] 多年生挺水草本。根状茎粗壮，横走，粗而肥厚，有长节，节间膨大，内有纵行通气孔道，节部缢缩。叶基生，圆形，盾状，直径30～90cm，全缘，稍呈波状，表面蓝绿色，被蜡质白粉，背面淡绿色；具粗壮叶柄，长1～2m，被短刺，挺出水面。花单生，花梗长1～2m，花生于顶端，直径10～24m，白色、粉色或红色，芳香；花托在果期膨大，海绵质。坚果椭圆形或卵形。花果期7～10月。

[产地分布] 产于我国。全国各地多有分布栽培。

[生态习性] 喜光，耐寒，适宜腐殖质多的轻黏性土壤，多生长在池塘、浅水湖泊及沼泽中。

[繁殖栽培] 播种、分藕繁殖。

[园林用途] 花大色艳，清香远溢，凌波翠盖。应用于湖泊、池塘、园林水景中，亦可盆栽或作切花材料。
　　承德地区重要的水景植物。

荷花

荷花

睡 莲

学 名： *Nymphaea tetragona* Georgi
别 名： 子午莲，水芹花
科 属： 睡莲科 睡莲属

[形态特征] 多年生浮水植物。根状茎粗短，有黑色细毛。叶丛生，具细长的叶柄，浮于水面，纸质或近革质，近圆形或卵圆形，先端钝圆，基部具深弯缺；叶表光亮，叶背带紫红或红色，两面皆无毛，具小点。花单生于细长花梗顶端，花小，径2～7.5cm；花白色，花朵浮于或伸出水面，午后开放。聚合果球形，内含多数椭圆形黑色小坚果。花果期6～10月。

[产地分布] 原产我国。我国各地多有分布栽培。

[生态习性] 喜光，耐寒，耐瘠薄，对土质要求不严，喜富含腐殖质的轻黏性土壤。一般生长季节池塘水位深度不超过80cm为宜。

[繁殖栽培] 分株、播种繁殖。以分株繁殖为主。

[园林用途] 叶形美丽，花色艳丽。应用于公园、风景区内池塘、湖面及浅水湿地，也可盆栽或作切花材料。

承德地区部分栽培品种可越冬。

睡莲

睡莲

睡莲

千屈菜

学 名：*Lythrum salicaria* L.
别 名：水柳，对叶莲
科 属：千屈菜科 千屈菜属

千屈菜

千屈菜花序

[形态特征] 多年生湿生草本。地下根茎粗硬，木质化；地上茎直立，四棱形，多分枝。叶对生或3片轮生，狭披针形，全缘，无柄，先端稍钝或锐，基部圆形或心形，两面具短毛或仅背面有毛。总状花序生于分枝顶端，花两性，数朵簇生于叶状苞片腋内；花梗及花序柄均甚短，花萼圆筒形，花瓣6枚，紫红色。蒴果包藏于萼筒内。花期7～9月。

[产地分布] 产于我国。全国各地多有分布栽培。

[生态习性] 喜光，耐半阴。耐寒。喜水湿。对土壤要求不严。喜温暖及光照充足、通风好的环境。在浅水中栽培长势最好，也可旱地栽培。

[繁殖栽培] 播种、扦插、分株繁殖，以扦插、分株为主。

[园林用途] 株丛整齐清秀，花穗艳丽醒目。应用于公园绿地、道路、风景林地，宜植于湖岸、河旁的浅水处，也可作花带、花境背景材料，亦可盆栽或作切花材料。极好的园林水景造景植物。

菱角

学　名：*Trapa japonica* Fler.
别　名：丘角菱
科　属：菱科 菱属

[形态特征] 一年生浮水草本。根二型，着泥根细铁丝状，同化根羽状细裂，裂片丝状，淡绿褐色或深绿褐色。茎圆柱形，柔弱，分枝。叶二型，沉水叶丝状；浮水叶互生，集生成菱盘，主盘叶大，叶片广菱形或卵状菱形，叶缘中上部边缘具浅锐齿，中下部全缘，基部广楔形或近截形；叶柄中上部膨大成海绵质气囊，叶绿色或带紫红色，无毛，背面被淡褐色长软毛。花小，单生于叶腋，花瓣4，长匙形，白色或微红。果实三角形。花期5～10月；果期7～11月。

[产地分布] 原产我国。东北、华北、华东、华中地区多有分布栽培。

[生态习性] 耐热，不耐寒，喜阳光充足环境，对土壤要求不严，适宜浅水中生长。

[繁殖栽培] 播种、分株繁殖。

[园林用途] 叶形美观。适合公园、绿地等水体绿化。可片植、群植于池塘、水边布置水景。良好的观叶、观花植物。

　　承德地区最适推广的湿生观花植物。

菱角

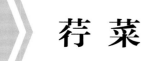

荇菜

学 名：*Nymphoides peltatum* (Gmel.) Kuntze
别 名：水荷叶，大紫背浮萍
科 属：龙胆科 荇菜属

[**形态特征**] 多年生浮水草本。茎细长，具不定根，圆柱形，多分枝，地下茎横走。叶卵圆形，基部心形，具柄，基部变宽，抱茎，背面有腺点；上部叶近于对生，其余叶互生，近革质。伞形花序束生于叶腋；花萼5深裂，披针形；花黄色，具梗，花冠5深裂，边缘呈圆齿状，有睫毛，花筒的喉部有细毛；雄蕊5枚，花丝短，花药狭箭形；子房基部具5蜜腺，花柱瓣状2裂。蒴果长椭圆形。花果期8～10月。

[**产地分布**] 原产我国。全国各地多有分布栽培。

[**生态习性**] 喜光，稍耐阴。耐寒，喜温暖、湿润气候。对水体的酸碱度适应性广。适宜静止浅水中。

[**繁殖栽培**] 分株繁殖。自繁能力强。

[**园林用途**] 叶片小巧别致，鲜黄色花朵挺出水面，花朵密集，花期长。可植于水池、湿地。常用于公园、风景区，是点缀水景的佳品。

承德地区优美的浮生观花植物。

荇菜

荇菜

野慈姑

学 名：*Sagittaria trifolia* var. *trifolia*
科 属：泽泻科 慈姑属

野慈姑

野慈姑花序

[形态特征] 多年生水生或沼生草本。根状茎横走，较粗壮。挺水叶箭形，叶片长短、宽窄变异大；叶柄基部渐宽，鞘状，边缘膜质，具横脉，或不明显。花单性；花葶直立；花序总状或圆锥状，具分枝1～2枚，具花多轮，每轮2～3朵花；苞片3片，基部多少合生，先端尖；花被片反折，外轮花被片椭圆形或广卵形，内轮花被片白色或淡黄色，基部收缩，雌花通常1～3轮，花梗短粗，心皮多数，两侧压扁，花柱自腹侧斜上；雄蕊多数，花药黄色，通常外轮短，向里渐长。瘦果两侧压扁，倒卵形，具翅，背翅多少不整齐，果喙短，自腹侧斜上。花果期5～10月。

[产地分布] 原产我国。东北、华北、西北、华东、华南、西南等地多有分布栽培。

[生态习性] 喜光，喜温暖、湿润环境。以水肥充足、黏壤土为宜，适应性强。生长的适宜温度为20～25℃。

[繁殖栽培] 球茎、顶芽繁殖。

[园林用途] 叶形奇特秀美。可丛植、片植于水边，与其他水生植物配置布置水面，对浮叶型水生植物可起衬景作用。是过渡水体景观搭配的良好绿化材料。

水 鳖

学 名: *Hydrocharis dubia* (Bl.) Backer
别 名: 马尿花，苤菜
科 属: 水鳖科 水鳖属

水鳖

[形态特征] 浮水草本。匍匐茎发达，顶端生芽，可产生越冬芽。叶簇生，多漂浮，有时伸出水面；叶片心形或圆形，先端圆，基部心形，全缘，远轴面有蜂窝状贮气组织，并具气孔。雄花序腋生，佛焰苞2片，膜质，透明，具红紫色条纹；萼片3枚，离生，长椭圆形，常具红色斑点，尤以先端为多，顶端急尖；花瓣3枚，白色，基部黄色，广倒卵形至圆形。浆果，球形至倒卵形，具数条沟纹。花果期8～10月。

[产地分布] 原产我国。全国各地多有分布栽培。

[生态习性] 喜温暖、湿润环境。常生活在河溪、沟渠中。

[繁殖栽培] 以分芽繁殖为主，亦可播种或分株。

[园林用途] 叶色、株形组合奇特，白花清洁。可植于水面。良好的水生花卉。

　　因其自繁能力强，应用时加以控制。

水鳖

金鱼藻

学　名：*Ceratophyllum demersum* L.
别　名：松针草
科　属：金鱼藻科　金鱼藻属

[形态特征] 多年生沉水草本，有时稍露出水面。茎平滑而细长，有疏生短枝。叶轮生，每5～10片或更多片集成一轮，无柄，一至二回叉状分枝，裂片线形，边缘有散生的刺状细齿，齿较多偏于一边，先端有2个短刺尖。花小，单生，常雌雄同株；花被片8～12，长圆状披针形，先端有2枚刺，宿存。坚果扁椭圆状卵形，花果期6～9月。

[产地分布] 原产我国。现全国各地多有分布栽培。

[生态习性] 喜光，喜氮，对酸碱适应性强，在pH值7.1～9.2的水中均可正常生长，以pH值7.6～8.8为宜。

[繁殖栽培] 顶芽繁殖。在生长期中，折断的植株可随时发育成新株。

[园林用途] 可用于浅水绿化、室内水体绿化。

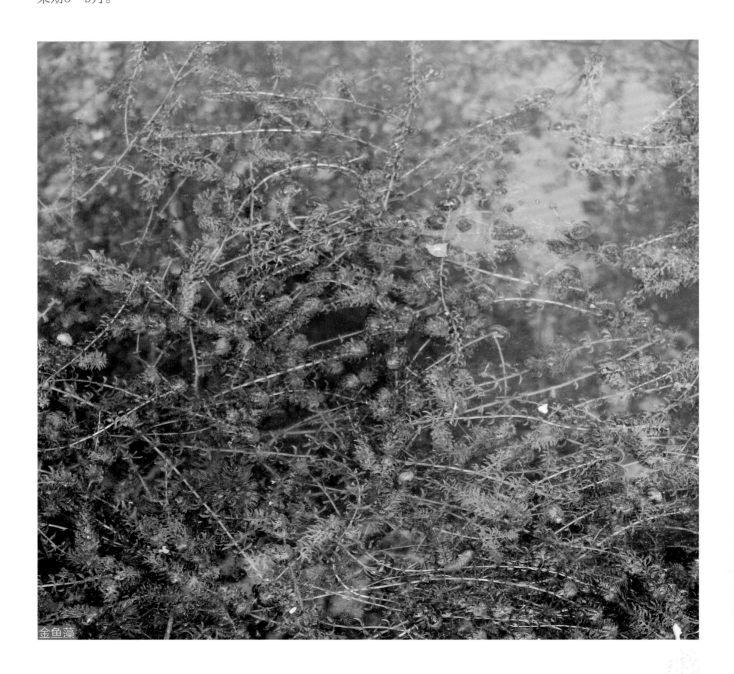

金鱼藻

凤眼莲

学　名： *Eichhornia crassipes*（Mart）S.
别　名： 水葫芦，凤眼蓝
科　属： 雨久花科　凤眼莲属

[形态特征] 多年浮水草本。须根发达且悬垂水中。茎极短缩。单叶丛生于短缩茎的基部，叶卵圆形，叶面光滑，鲜绿色，质厚；叶柄中下部有膨胀如葫芦状的气囊，基部具鞘状苞片。花茎单生，端部着生短穗状花序具多花；小花堇紫色，花被6裂，上有1枚裂片较大，中央具深蓝色块斑，斑中又具鲜黄色的眼点，颇似孔雀羽毛，故叫凤眼莲。蒴果卵形。花果期7～9月。

[产地分布] 原产南美洲。我国引进后南北各地多有栽培。

[生态习性] 喜阳光充足、温暖湿润气候。较耐寒，耐碱，抗病力较强。适宜富含有机质的净水。

[繁殖栽培] 分株或播种繁殖，以分株繁殖为主。分株繁殖在春季进行，将横生的葡匐茎割成几段或带根切离几个腋芽，投入水中即可自然成活。

[园林用途] 叶色光亮，花色美丽，叶柄奇特。植株多悬浮于水面，用于营造水面景观。重要的水生花卉。因自繁能力强，应用时需控制区域。

　　承德地区中南部植于浅水泥土中可越冬；悬浮于水面需温室越冬。

凤眼莲花序

凤眼莲

黄菖蒲

学 名：*Iris pseudacorus* L.
别 名：黄花鸢尾，水生鸢尾
科 属：鸢尾科 鸢尾属

[形态特征] 多年生挺水草本。根茎粗短。叶基生茂密，灰绿色，长剑形，中肋明显，并具横向网状脉。花茎高于叶，粗壮，有明显的纵棱，具1~3分枝，垂瓣上部椭圆形，基部近等宽，具褐色斑纹或无；花瓣黄色至乳白色，着生3~5朵花。蒴果长形，内有种子多数。花期5~6月；果期6~8月。

[产地分布] 原产欧洲。我国各地多有栽培。

[生态习性] 喜光，耐半阴。耐寒，耐水湿。适应性强，适宜肥沃、疏松土壤。

[繁殖栽培] 播种、分株繁殖。

[常见病虫害] 主要有锈病、白粉病；叶蜂等。

[园林用途] 叶色翠绿，花色黄艳，花态秀美。可片植、群植于公园、绿地、风景区等滨水处或浅水处。亦可盆栽。良好的观叶、观花植物。

承德地区值得推广的湿、水生观花、观叶植物。

[同属常见植物]

花菖蒲 *I. kaempferi*

基生叶条形，花葶直立，坚挺，有退化叶1~3片；苞片纸质，卵状披针形，有花1~2朵；花紫红色。

黄菖蒲

黄菖蒲

芦苇

学 名： *Phragmites communis* Trin.

别 名： 苇子

科 属： 禾本科 芦苇属

芦苇花序

芦苇

芦苇

[形态特征] 多年生挺水草本。秆高1～3m，节下常有白粉，具粗壮匍匐根茎。叶带状披带形，顶端渐尖，基部微收缩而紧接于叶鞘，无毛；鞘圆筒状，无毛或有细毛；叶舌有毛，极短。大型圆锥花序，长达45cm以上，分枝密而开展，微垂头，下部枝叶间具白柔毛；花序主轴上有分枝，小穗两侧压扁，有小花3～7朵。颖果长圆形。花果期7～9月。

[产地分布] 原产我国。全国各地多有分布栽培。

[生态习性] 喜光，耐寒，耐酷热，抗盐碱。多生长于池沼、河岸、河溪边等多水地区。

[繁殖栽培] 播种、分株、扦插繁殖，自繁能力强，以根状茎繁殖为主。将剪下的根茎或干茎斜插于湿沙中，长出幼苗后移栽于湖塘浅水处。

[园林用途] 茎叶飘逸，花序美观。可应用于湖泊、河边、湿地绿化。可片植、群植于湖塘一角、桥头亭旁，营造清新自然、野趣甚浓环境。

承德地区最常见的乡土湿、水生植物。

菖 蒲

学 名: *Acorus calamus* L.
别 名: 泥菖蒲，水菖蒲
科 属: 天南星科 菖蒲属

[形态特征] 多年生挺水草本。根状茎横走，粗壮，稍扁，有多数不定根（须根）。叶基生，黄绿色，剑状线形，叶基部成鞘状，对折抱茎，中部以下渐尖，中肋脉明显，两侧均隆起；叶基部有膜质叶鞘，后脱落。花茎基生出，扁三棱形，叶状佛焰苞。肉穗花序直立或斜向上生长，圆柱形，黄绿色；花两性，密集生长，花药淡黄色。浆果红色，长圆形。花果期6～10月。

[产地分布] 原产我国。全国各地多有分布栽培。

[生态习性] 喜光亦耐阴。较耐寒，喜温暖湿润气候。对环境适应性强，冬季以地下茎潜入泥中越冬。多生于池塘、湖泊岸边浅水区、沼泽地或水岸边缘。

[繁殖栽培] 种子、分株繁殖。

[园林用途] 叶丛翠绿，端庄秀丽，具有香气。适宜水景岸边及水体浅水区绿化，也可盆栽观赏或作插花材料。水景中重要的观叶植物。

菖蒲

菖蒲

香 蒲

学 名：*Typha angustata* Bory et Chaub.
别 名：东方香蒲，毛蜡烛
科 属：香蒲科 香蒲属

香蒲

香蒲果穗

[形态特征] 多年生水生或沼生挺水植物。根茎为匍匐茎，地上茎直立，细长圆柱状，不分枝。叶片灰绿色，由茎基部抽出，二列状着生，长带形，向上渐细，端圆钝，基部扩大成鞘，层层相互抱合，形成假茎，假茎白色扁圆柱形，质硬而不中空。花单性，同株，肉穗花序圆筒状，浅褐色顶生；雄花序位于花轴上部，雌花序在下部，中间有间隔露出花序轴。小坚果纺锤形，纵裂，果皮具褐色斑点。花果期6～8月。

[产地分布] 原产我国。现南北各地多有分布栽培。

[生态习性] 喜光，耐寒，对环境条件要求不严，适应性强。喜深厚肥沃的泥土，适宜在30～40cm的水位生长。以地下茎于泥土中休眠越冬，春季自根茎顶端发芽。

[繁殖栽培] 以分株繁殖为主。分株后保持10～20cm的水位，随植株生长水位逐步升高。

[园林用途] 叶丛细长如剑，色泽光洁淡雅。常丛植或群植于公园或风景区较开阔水面一侧，自成一景。也可遍植于沼泽、湖泊，形成湿地自然景观。亦可盆栽或切花。

承德地区应用广泛的水生观赏植物。

[同属常见植物]

小香蒲　*T. minima*

植株矮小，茎细弱，叶线形，蒲棒较短。

水莎草

学　名：*Juncellus serotinus* (Rottb.) C.B.Clarke
科　属：莎草科 水莎草属

[形态特征] 一年生或多年生挺水草本，散生或成片生长。根状茎长，粗壮，扁三棱形。叶片线形，苞片3片，叶状，较花序长1倍多。长侧枝聚伞花序复出，有4～7个辐射枝，辐射枝向外展开，长短不等，每枝有1～4个穗状花序；小穗平展，线状披针形，小穗轴有白色透明翅；鳞片2列，初期排列紧密，后期较松，纸质，舟状，宽卵形，中肋绿色，两侧红褐色，边缘黄白色，透明，顶端钝，有5～7条脉。小坚果棕色，椭圆形或倒卵形。

[产地分布] 产于我国。东北、华北、西北及华中等地区多有分布栽培。

[生态习性] 喜光，适应性强，对土壤要求不严。

[繁殖栽培] 播种繁殖。易自播繁衍。

[园林用途] 茎秆三棱形，叶绿光亮，花序顶生，果实暗红色。可植于水边、湿地用于水景绿化，亦可作切、插花材料。

水莎草花序

水莎草

水 葱

学　名：*Scirpus tabernaemontani* Gmel.
别　名：水丈葱，冲天草
科　属：莎草科　蔍草属

水葱

水葱

[形态特征] 多年生挺水草本。具根状茎，粗壮而横走；地上茎直立，呈圆柱状，中空，高0.6～1.2m，粉绿色。叶褐色，鞘状，生于茎基部。聚伞花序顶生，稍下垂，由许多卵圆形小穗组成；小花淡黄褐色，下具苞片。花期6～8月。

[产地分布] 产于欧亚。我国各地多有栽培。

[生态习性] 喜光，耐寒，耐阴。喜温暖水湿环境，性强健，不择土壤，以根状茎在泥中越冬，常生活在湖泊及沼泽中。

[繁殖栽培] 播种、分株繁殖。春分到清明之间，将匍匐茎切开，先栽于盆（缸）内，长到50～60cm高后，移植于池塘中。

[园林用途] 株丛翠绿挺立，色泽淡雅洁净。常用于水面绿化或作岸边、池旁点缀。典型的竖线条花卉。可丛植或片植点缀亭、桥附近，也可盆栽观赏，亦可切茎用于插花。如今，人工湿地兴起，水葱多作湿地植物应用。

　　承德地区重要的湿、水生观赏植物。

野牛草

学 名: *Buchloe dactyloides* (Nutt.) Engelm.
科 属: 禾本科 野牛草属

[**形态特征**] 多年生低矮草本植物。具根状茎或细长匍匐枝。叶片线形,长10~20cm,宽2mm,叶色绿中透白,两面均疏生有细小柔毛。雌雄同株或异株,雄穗状花序2~3枚,排列成总状,雄小穗含2花,无柄,成两行覆瓦状,排列于穗轴的一侧,形似一把刷子;雌性小穗含1小花,常4~5枚簇生成头状花序,通常种子成熟后脱落。

[**产地分布**] 原产北美洲。我国北方地区应用较多。

[**生态习性**] 暖季型草坪草种。喜光,耐半阴。耐干旱、瘠薄,具较强的耐寒能力,耐热,耐碱性强,耐水淹。适应性强,与杂草竞争力强,具有一定的耐践踏能力。对土壤要求不严。

[**繁殖栽培**] 种子、分株和匍匐茎埋压繁殖。以分株或匍匐茎埋压繁殖为主。

[**常见病虫害**] 主要有褐斑病、腐霉菌病害;黏虫等。

[**园林用途**] 叶片纤细,色泽灰绿。适用于公园绿地、道路、风景区绿化,多作固土护坡材料。北方地区主要的草坪草种。

承德地区应用广泛的草地绿化草种。

野牛草

野牛草草坪

高羊茅

学 名：*Festuca arundinacea* Schreb.
别 名：苇状羊茅
科 属：禾本科 羊茅属

高羊茅

[形态特征] 多年生草本。为丛生型禾草，须根发达。秆疏丛，直立，粗壮光滑。叶鞘大多光滑无毛；叶片线形，先端长渐尖，脊背光滑，大多扁平。圆锥花序开展，直立或下垂，长10~20cm，每节有2~4分枝；小穗长10~13mm，含4~5小花，淡紫色。颖果种子长3.4~4.2mm。

[产地分布] 产于我国。东北、华北、华中、华南多有分布栽培。

[生态习性] 冷季型草坪草种。喜光，耐半阴。耐酸、耐瘠薄。喜冷凉、湿润的气候。抗逆性强，抗病性强。在肥沃、富含有机质的壤土中生长良好。

[繁殖栽培] 种子繁殖。

[常见病虫害] 主要有褐斑病；斜纹夜蛾等。

[园林用途] 粗草类型。一般养护管理较粗放，多作为覆盖地面和固土护坡应用。常与早熟禾、多年生黑麦草混播或用多个高羊茅品种混播。

[本种常见品种]

'凌志'（'Barlexas'）、'锐步'（'Barrera'）等。

多年生黑麦草

学 名：*Lolium perenne* L.
科 属：禾本科 黑麦草属

[形态特征] 多年生草本。具有较细的根状茎，须根稠密。秆丛生，质地柔软，基部倾斜，具3～4节。叶鞘疏松，节间短，叶舌短小；叶片质地柔软，有微柔毛，长10～20cm，宽3～6mm。穗状花序顶生；小穗含7～11小花，小穗节间长约1mm，光滑无毛。颖果，种子矩圆形，棕褐色至深棕色，顶端有毛茸。

[产地分布] 原产于亚洲、北非。我国各地多有分布栽培。

[生态习性] 喜光，耐半阴。喜温和、湿润、凉爽气候，最适生长温度为20～25℃，抗热和抗旱性能差，耐潮湿，但不耐长期积水。适宜在肥沃、排水良好的土壤上生长。

[繁殖栽培] 播种繁殖。

[常见病虫害] 主要有褐斑病、叶斑病、币斑病等。

[园林用途] 叶色浓绿，叶背光滑具光泽。在公园、庭院及小型绿地上常作先锋草种，以便迅速形成急需的草坪。常与早熟禾、高羊茅等草种进行混播达到快速建坪和土壤防固目的。

承德地区不能越冬，常作一年生栽培。

多年生黑麦草

多年生黑麦草

草地早熟禾

学 名：*Poa pratensis* L.
别 名：六月禾
科 属：禾本科 早熟禾属

[形态特征] 多年生草本。具疏根状茎，根须状。秆直立，疏丛状或单生，光滑、圆筒状，高可达60～100cm。叶片条形，叶鞘粗糙，疏松，具纵条纹，长于叶片。圆锥花序开展，长13～20cm，分枝下部裸露，小穗长4～6mm，含3～5小花。颖果纺锤形，具三棱。

[产地分布] 原产欧亚。北方地区广泛栽培。

[生态习性] 冷季型草坪草种。喜光，耐阴。耐寒，不耐旱，较耐践踏。喜温暖湿润的气候，夏季炎热时生长停滞，春秋生长繁茂。以质地疏松、含有机质丰富的土壤为宜，含石灰质的土壤生长更旺盛。

[繁殖栽培] 播种繁殖。

[常见病虫害] 主要有白粉病、褐斑病；黏虫等。

[园林用途] 叶色鲜绿，叶面平滑，质地柔软具光泽。广泛应用于各类绿地中，与其他冷季型草坪草混合栽培。北方地区重要的草坪植物。

承德地区普遍应用的园林绿化植物。

[本种常见品种]

'新哥来德'（'NuGlade'）、'午夜'（'Midnight'）、'解放者'（'Liberator'）、'优异'（'Merit'）等。

草地早熟禾叶片

草地早熟禾草坪

结缕草

学　名：*Zoysia japonica* Steud.
别　名：锥子草
科　属：禾本科 结缕草属

[形态特征] 多年生草本植物。具根状茎。秆直立，一般高10～15cm。叶鞘无毛，叶舌短似纤毛状，叶形为条状披针形，叶面长2～5cm，宽约5mm。总状花序，小穗柄可长于小穗，并常弯曲，小穗卵圆形，两侧扁。果呈绿色或略带淡紫色。花期5～6月。

[产地分布] 原产亚洲东南部。我国各地多有栽培。

[生态习性] 暖季型草坪草种。喜光，耐半阴。耐热，耐寒，耐旱，耐践踏，具有一定的抗碱性。适应性和生长势强。喜温暖湿润气候，最适于生长在排水好、肥沃的土壤上。

[繁殖栽培] 种子、分株繁殖。

[常见病虫害] 主要有褐斑病、锈病、币斑病；蛴螬等。

[园林用途] 植株低矮，茎叶密集，叶色鲜绿。广泛用于温暖潮湿和过渡地带的运动场草坪，也用于庭院、公路和铁路两侧的固土护坡草坪。

结缕草

结缕草草坪

参考文献

[1] 陈有民. 园林树木学[M]. 北京：中国林业出版社，1990.

[2] 刘燕. 园林花卉学[M]. 北京：中国林业出版社，2003.

[3] 贺士元，等. 北京植物志(上.下册) [M]. 北京：北京出版社，1984.

[4] 贺士元，等. 河北植物志编辑委员会编著.河北植物志(第一卷[M]). 石家庄：河北科学技术出版社，1986.

[5] 张天麟. 园林树木1000种[M]. 北京：学术书刊出版社，1990

[6] 赵家容，刘艳玲主编. 水生植物图鉴[M]. 武汉：华中科技大学出版社，2009.

[7] 本书编写委员会. 园林景观植物识别与应用—花卉[M]. 沈阳：辽宁科学技术出版社，2010.

[8] 本书编写委员会. 园林景观植物识别与应用—灌木·藤本[M]. 沈阳：辽宁科学技术出版社，2010.

[9] 王明荣. 中国北方园林树木[M].上海：上海科学技术出版社，2004.

[10] 孙光闻，徐晔春. 水生与藤蔓植物[M]. 北京:中国林业出版社，2011.

[11] 黄金祥等主编. 塞罕坝植物志[M]. 北京：中国科学技术出版社，1996.

[12] 马骥，李森，等. 华北植物志[M]. 北京：中国林业出版社，1983.

[13] 梁学忠，张玉良. 丰宁木本植物志[M]. 北京：北京科学技术出版社，1993.

[14] 汪劲武. 常见树木①北方[M]. 北京：中国林业出版社，2010.

[15] 刘少宗. 习见园林植物[M]. 天津：天津大学出版社，2003.

[16] 李书心，刘淑珍. 东北草本植物志[M]. 北京：科学出版社，2005.

[17] 赵建成，孔照普. 河北木兰围场植物志[M]. 北京：科学出版社，2008.

中文名称索引

拉丁学名索引